Untersuchung von Automobilkühlern.

Von der

Königl. Sächs. Technischen Hochschule zu Dresden

zur

Erlangung der Würde eines Doktor-Ingenieurs

genehmigte

Dissertation.

Vorgelegt von

Walther Freiherrn von Doblhoff,

Diplom-Ingenieur.

Referent: Herr Geh. Hofrat Professor Dr. R. Mollier.
Korreferent: Herr Professor Dr.-Ing. A. Nägel.

Springer-Verlag Berlin Heidelberg GmbH

ISBN 978-3-662-01706-7 ISBN 978-3-662-02001-2 (eBooK)
DOI 10.1007/978-3-662-02001-2

Inhaltsverzeichnis.

Untersuchung von Automobilkühlern.

Von **Walther Freiherr von Doblhoff,** Dipl.-Ing.

I. Abschnitt.

Einleitung.

Die vorliegende Untersuchung von Automobilkühlern war von der Praxis angeregt; ihre Ergebnisse sollten nicht zur Klärung rein theoretischer Fragen dienen, sondern Anhaltpunkte für die Berechnung und den Bau von Kühlern liefern. Es konnte daher nicht so sehr der Zweck der Arbeit sein, eine möglichst genaue Anpassung der Theorie an die Wirklichkeit zu suchen, als vielmehr recht einfache, übersichtliche Annäherungen zu geben, die dann zu praktisch brauchbaren Rechnungsgrundlagen führen. Dieser Grundsatz ist maßgebend für die Art der Behandlung der Aufgabe gewesen. Notwendig war es dabei, an allen Stellen, wo vereinfachende Annahmen gemacht sind, zu zeigen, welche Größe die dadurch bedingten Fehler erreichen können.

Es handelte sich bei der Untersuchung hauptsächlich um die Bestimmung der Wärmemengen, die von den vorgelegten Kühlern bei verschiedenen in der Praxis vorkommenden Betriebszuständen übertragen werden. Dazu war es nötig, die zu untersuchenden Vorrichtungen unter Bedingungen zu prüfen, die einerseits denen der Praxis tunlichst angenähert waren, anderseits ermöglichten, die zur rechnerischen Behandlung nötigen Messungen zu machen.

Bei der Kühlung von Fahrzeugmotoren (bei Motorbooten, Automobilen und Luftschiffen) sind sehr bedeutende Wärmemengen abzuführen. Im allgemeinen kann angenommen werden, daß dem Motor durch die Kühlung der Zylinderwände je nach der Konstruktion ein- bis zweimal so viel Wärme entzogen wird, als er in mechanische Arbeit umsetzt.

Beim Motorboote liegen nun die Verhältnisse naturgemäß günstig. Das Wasser, in dem das Boot schwimmt, kann zur Kühlung der Zylinder verwendet werden.

Anders bei Land- und Luftfahrzeugen. Nur bei kleinsten Abmessungen (Motorrädern, kleineren Wagen) oder bei größeren Abmessungen mit Hülfe von besondern Vorrichtungen (Motoren mit umlaufenden Zylindern, Anblasen der Zylinder mit Luft durch einen Kreiselventilator usw.) sind Motoren mit unmittelbarer Luftkühlung betriebsfähig. Das ganz allgemein verwendete Hülfsmittel zur wirksamen Kühlung der Zylinderwände ist jedoch Wasser.

Das Kühlwasser beschreibt einen Kreislauf. Es geht vom Motor, wo es sich erhitzt hat, zum Kühler und strömt von da der tiefliegenden Pumpe zu, die es wieder in die Kühlmäntel der Zylinder zurückbringt. Manchmal ist die Pumpe fortgelassen und das Wasser wird nur infolge der Aenderung des spezifischen Gewichtes bei seiner Erhitzung und Wiederabkühlung in Bewegung gesetzt.

Durch den Kühler wird die dem Wasser vom Motor zugeführte Wärme an die Luft weitergegeben. Damit dies möglich sei, muß dem Kühler dauernd Luft zuströmen. Das geschieht zunächst durch die Eigengeschwindigkeit des Fahrzeuges. Die Luftzufuhr wird aber in den meisten Fällen noch durch einen Ventilator unterstützt. Dieses ist darum von Vorteil, weil der Motorwagen mit sehr verschiedenen Geschwindigkeiten fährt und ein Kühler, der für schnelle Fahrt ausreichend ist, nicht imstande wäre, bei geringer Fahrgeschwindigkeit die nötige Wärmemenge zu übertragen, wenn nicht die den Kühler durchströmende Luftmenge durch die Wirkung des Ventilators vergrößert würde. Es gilt das insbesondere für die Bergfahrt, wo die Motorleistung und damit die abzuführende Wärmemenge bei kleiner Fahrgeschwindigkeit sehr hoch wird.

Noch andre Verhältnisse herrschen bei Luftschiffen. Hier ist die Wärme zwar auch wieder schließlich von der Luft aufzunehmen, es ist aber — gleiche Umlaufzahl des Motors vorausgesetzt — die Fahrgeschwindigkeit gegen die Luft stets dieselbe, und der Vorteil, der sich aus der Verwendung eines Ventilators ergibt, ist davon abhängig, ob er bei dieser einen Geschwindigkeit noch imstande ist, die durch den Kühler gehende Luftmenge so sehr zu vermehren, daß nicht eine entsprechende Erhöhung der Kühlwirkung mit geringerem Gewichtaufwand durch Vergrößerung des Kühlers zu erreichen wäre. Letztere Anordnung hat jedenfalls den Vorteil, einfacher zu sein.

In jedem Falle wird die Hauptwirkung mittels der durch die Geschwindigkeit des Fahrzeuges erzeugten Luftströmung im Kühler hervorgerufen. Deshalb muß der Kühler stets an einer dem Luftzug möglichst ausgesetzten Stelle stehen. Beim Motorwagen steht er darum vorn; beim Luftschiff ist man freier in der Wahl des Platzes; er wird jetzt meist dicht unter oder vor dem Motor angebracht, um tunlichst an Rohrleitungen zu sparen.

Am Automobil ist die jetzt mit wenigen Ausnahmen (Renault) übliche Anordnung von Motor und Kühler die in Fig. 1 dargestellte; zwischen den Längsträgern

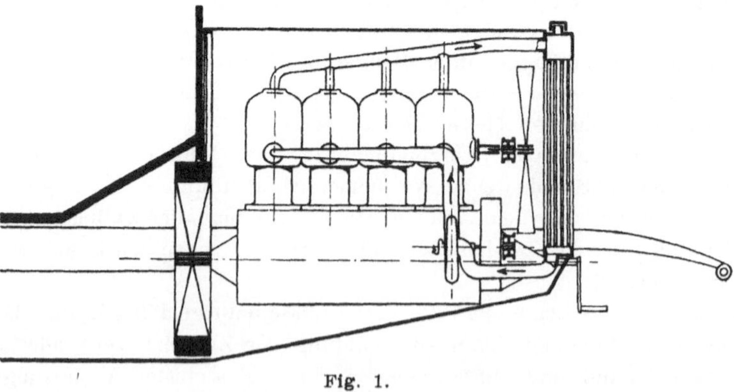

Fig. 1.

des Rahmens liegt im Vorderteil des Wagens der Motor; vor ihm steht der Kühler; die Luft, die durch diesen hindurchkommt, geht durch die Haube an den Zylindern des Motors vorbei, dann durch das meist als Ventilator ausgebildete Schwungrad und streicht zwischen dem Wagenboden und dem unteren Schutzblech nach rückwärts ab. Oft ist noch ein zweiter Ventilator dicht hinter dem Kühler angebracht.

An alle oben beschriebenen Verhältnisse hatte sich die Versuchseinrichtung so gut wie möglich anzuschmiegen. Es galt zunächst die Luftbewegung gegen den

Kühler hervorzubringen; sie wurde natürlich nicht durch eine Eigenbewegung des Kühlers gegen die ruhende Luft erzeugt, sondern dadurch, daß ein Luftstrom gegen den feststehenden Kühler geleitet wurde. Zuerst wurde er in diesem Luftstrom freistehend untersucht; später wurden verschiedene Zubauten an den Kühler angefügt, die die üblichen Aufstellungsverhältnisse auf Motorwagen und Luftschiffen darstellen sollten. Näher wird darauf bei Beschreibung der Versuchseinrichtung eingegangen werden.

Die Versuche selbst haben den Zweck gehabt, Klarheit zu schaffen über die Einflüsse, welche die Hauptbetriebsbedingungen auf die Wirkungsweise des Kühlers haben. Diese sind: Geschwindigkeit der Fahrt, umlaufende Wassermenge, Eintrittstemperatur von Wasser und Luft und, wenn man auf die Aufstellungsweise in der Praxis eingeht, die verschiedenen die Luftströmung fördernden und hindernden Konstruktionsteile wie Ventilatoren, Zylinder, Schutzhauben usw. Es mag hier schon erwähnt werden, daß die Ventilatoren in vielen Fällen eine wesentliche Verringerung der Kühlwirkung hervorbringen.

II. Abschnitt.

Vorarbeiten.

1) Erzeugung eines Luftstromes und Messung von Luftgeschwindigkeiten.

Die schwierigste Aufgabe beim Entwurf der Versuchseinrichtung war die Erzeugung des Luftstromes, der die Fahrt des Kühlers gegen die ruhende Luft ersetzen sollte. Die Hauptbedingung dabei war, daß der Strom an allen Punkten eines Querschnittes gleiche Geschwindigkeit habe; denn nur so ist er imstande, die Fahrt des Wagens zu ersetzen, der natürlich auch an allen Punkten gleiche Geschwindigkeit hat. Der Kühler mußte dann frei in diesem Strome stehen — nicht etwa in einem Rohre eingeschlossen —, damit dieselbe Verteilung der Luft sich einstelle wie im Betrieb: Ein Teil des Stromes geht durch den Kühler, ein andrer Teil wird seitlich abgelenkt.

Für die Vorversuche, die auf die Vorrichtung zur Erzeugung eines derartigen Luftstromes führen sollten, waren vor allem Geräte zur Messung von Luftgeschwindigkeiten nötig. Von solchen kommen hier zwei Arten in Betracht: Das Anemometer und das Manometer.

Für niedrigere Luftgeschwindigkeiten (bis zu 20 m) ist das Anemometer ein sehr brauchbares und zuverlässiges Meßgerät, wenn es frei aufgestellt ist und wenn der zu messende Luftstrom so großen Querschnitt hat, daß der Teil, der auf das Anemometer auftrifft, an allen Punkten annähernd gleiche Geschwindigkeit besitzt. Es kann z. B. in Rohren die Messung mittels Anemometers zu ganz falschen Werten führen, weil hier infolge der Reibung an der Wand die Geschwindigkeit in einem Querschnitt sehr verschieden sein kann.

Für höhere Geschwindigkeiten und kleinen Stromquerschnitt sind Anemometer nicht mehr zu gebrauchen. Hier hat man aber in der Messung des Geschwindigkeitsdruckes ein gutes Mittel zur Ermittlung der Stromgeschwindigkeit. Zur Berechnung gilt mit genügender Annäherung die Formel:

$$v = 0{,}24 \sqrt{T h}\,,$$

wobei v die Luftgeschwindigkeit in m/sk, T die absolute Temperatur, h die Höhe des Geschwindigkeitsdruckes in mm Wassersäule bedeutet.

Die erste Arbeit war die Eichung eines alten Flügelradanemometers, für das genaue Daten bisher nicht vorlagen. Auf diese Versuche soll nicht näher eingegangen werden, da das Anemometer bei den Vorversuchen fast gar nicht gebraucht wurde, zum Teil, weil sie in so kleinem Maßstabe stattfanden, daß die Messung mittels Anemometers aus den oben angeführten Gründen nicht möglich war, zum Teil, weil hier stets mit so hohen Geschwindigkeiten gearbeitet wurde, daß die Messung mittels Manometers vorzuziehen war. Vor Beginn der Hauptversuche brach die Zählwerkeinschaltung und das Anemometer wurde durch ein modernes Schalenkreuz-Anemometer von Fuess in Berlin ersetzt, dessen Konstanten auf der sehr guten Eichvorrichtung der Fabrik bestimmt worden waren, so daß eine Nachprüfung überflüssig wurde. Eine Bestätigung für die Richtigkeit der angegebenen Werte

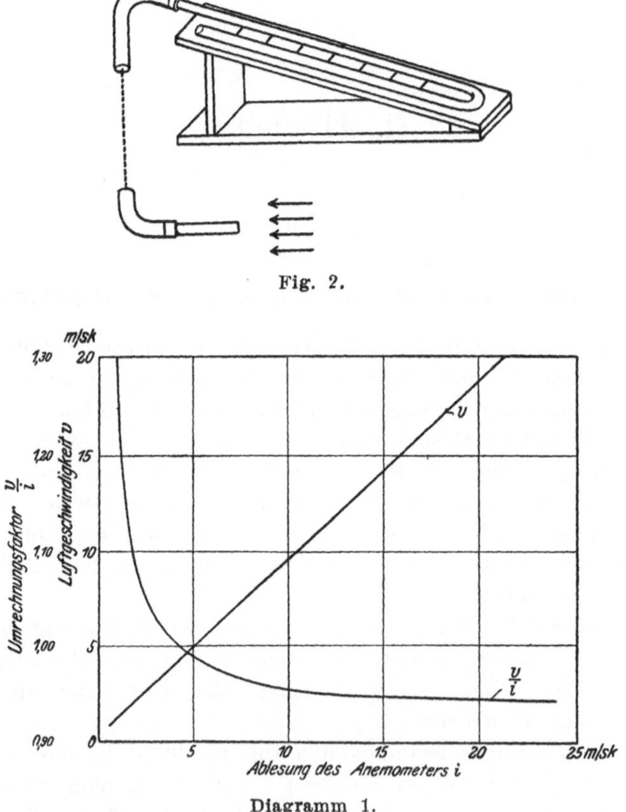

Fig. 2.

Diagramm 1.

gab später die gute Uebereinstimmung der Wärmemengen, die aus dem Wasser und der Luft bestimmt worden sind. Es wird das an anderer Stelle näher besprochen werden. Die Eichungsangaben der Fabrik sind im Diagramm 1 enthalten.

Zur Messung des Geschwindigkeitsdruckes diente die in Fig. 2 dargestellte Vorrichtung. Das Manometer ist zur Ermöglichung genauerer Ablesung schräggestellt, und zwar beträgt die Uebersetzung 1 : 10; es entspricht also 1 cm Ablesung 1 mm Druckhöhe.

Die Erzeugung des Luftstromes wurde zuerst mit Hülfe eines Schraubenradventilators versucht. Es ergab sich aber, daß damit eine gleichmäßige Strömung nicht zu erreichen ist; bei ebenen Flügeln ist die Geschwindigkeit am Rand natürlich größer; bei einer zweiten Form, deren Flügel derartig ausgebildet waren, daß sich theoretisch gleichbleibende Geschwindigkeit ergeben sollte, war die Annäherung besser. Aber abgesehen davon, daß an der Stelle, wo die Nabe sich befand, die Geschwindigkeit stark vermindert war, war sie überhaupt viel zu gering; sie läßt sich auch bei Schraubenradventilatoren nicht durch Verengerung der Leitung erhöhen, weil sie der Luft den dazu nötigen statischen Druck nicht zu geben vermögen.

Es wurde darum zu Kreiselventilatoren übergegangen, von denen zwei kleine Ausführungen bei den Vorversuchen verwendet wurden. Sie sind sehr vorteilhaft durch den hohen Druck, den sie zu liefern imstande sind; sie leiten große Luftmengen mit Geschwindigkeiten, die höher liegen, als sie für die Versuche gebraucht wurden — die Luftgeschwindigkeit ist aber an ihrer Austrittsmündung ganz ungleichmäßig, am äußeren Rand bedeutend höher.

Ein Versuch, mit Hülfe eines S-förmigen verstellbaren Krümmers die Luftgeschwindigkeit gleich zu richten, mißlang; es blieb nur noch ein Mittel übrig — die Luft in ein großes Beruhigungsgefäß einzuleiten und von dort durch eine geeignete Düse austreten zu lassen.

Da die Versuchskühler quadratische Stirnflächen hatten, mußte auch der Luftstromquerschnitt quadratisch sein, um nicht zu viel Luft zu vergeuden. Rechteckige Strahlen treten nur bei gut abgerundeten Mündungen glatt aus; bei Mündungen in dünner Wand verdrehen sie sich; außerdem wird die Strahlgeschwindigkeit bei Mündungen in dünner Wand am Rande höher als in der Mitte; erst eine gut abgerundete Mündung ergab genügende Gleichheit der Austrittgeschwindigkeit.

Die Anordnung dieser Versuche zeigt Fig. 3. Ein kleiner Kreiselventilator bläst die Luft seitlich in einen Zylinder, an dessen einem Boden die verschiedenen Düsen angesetzt werden konnten. Zur Sichtbarmachung des Strahles wurde etwas Dampf in den Ventilator eingeblasen. Die Geschwindigkeit wurde mittels Manometers gemessen.

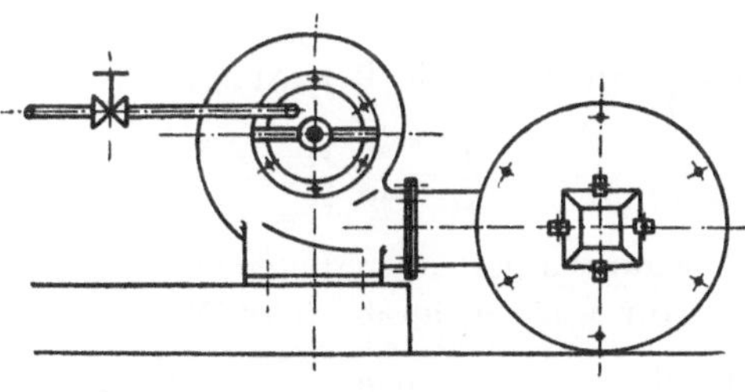

Fig. 3.

Das mit der Luftberuhigung und Ausströmen aus einer gut abgerundeten quadratischen Mündung erzielte Ergebnis war befriedigend; die großen Flächen der Düse bringen zwar einen gewissen Randverlust mit sich; in der Mitte war die Gleichmäßigkeit aber sehr gut. Es wurde die Anordnung darum auch für die Versuchsanlage beibehalten.

2) Wassermessung.

Es war für die Messung des Kühlwassers die Verwendung eines Ponceletgefäßes mit auswechselbaren Mündungen geplant. Da aus später zu erörternden Gründen das Wasser vor dem Eintritt in den Kühler, also heiß, gemessen wurde, war es nötig, die bestehende Eichung des Ponceletgefäßes für höhere Temperaturen zu berichtigen. Es tritt folgendes ein: Die Austrittmündung vergrößert sich; bei den verwendeten Rotgußdüsen beträgt die Vergrößerung der Austrittfläche für die hier vorkommenden Temperaturen im Höchstfalle nur 0,35 vH, kann also, da im übrigen keine derartig hohe Genauigkeit zu erwarten war, vernachlässigt werden; ebenso die Längenänderung des hölzernen Maßstabes.

Für die Ausflußgeschwindigkeit an der Düse gilt die Beziehung:

$$\frac{\gamma}{g}\frac{v^2}{2} = \varphi^2 \gamma h,$$

wobei

γ das spezifische Gewicht der Flüssigkeit,
g die Erdbeschleunigung,
v die Ausflußgeschwindigkeit,
φ den Ausflußkoeffizienten,
h die Standhöhe über der Mündung

bedeuten.

Wie aus der Gleichung hervorgeht, fällt das spezifische Gewicht heraus; die Ausflußgeschwindigkeit ändert sich nicht mit dem spezifischen Gewicht (der Temperatur), außer wenn φ sich damit ändert. Für das Gewicht der ausfließenden Menge gilt:

$$W_t = W_z \frac{V_z}{V_t} \frac{\varphi_t}{\varphi_z},$$

wobei

W_t das Gewicht der in 1 st ausfließenden Menge in kg bei der gegebenen Temperatur,
W_z dasselbe bei Zimmertemperatur (20°),
$\frac{V_z}{V_t}$ das Verhältnis der spezifischen Volumina für die beiden Temperaturen,
φ_t den Ausflußkoeffizienten bei der gegebenen Temperatur,
φ_z denselben bei Zimmertemperatur

darstellen.

Für das Verhältnis $\frac{\varphi_t}{\varphi_z}$ gilt dann die Beziehung:

$$\frac{\varphi_t}{\varphi_z} = \frac{W_t}{W_z} \frac{V_t}{V_z}.$$

Die vorhandenen (logarithmisch aufgetragenen) Diagramme für die Ausflußmenge bei Zimmertemperatur wurden durch einige Versuche bestätigt; weitere Versuche sollten den Temperaturkoeffizienten $\mu = \frac{W_t}{W_z}$ ergeben; daraus kann dann das Ausflußkoeffizientenverhältnis aus obiger Gleichung ermittelt werden.

Die Einrichtung für diese Versuche ist in Fig. 4 dargestellt; in dem oberen Gefäß wird das Wasser durch Einblasen von Dampf erwärmt; es fließt durch das Ponceletgefäß in einen Kübel oder in den Kanal; die Menge, die in einer bestimmten Zeit in den Kübel fließt, wird gewogen. In der Zahlentafel 1 sind die Ergebnisse dieser Versuche zusammengestellt. Im Diagramm 2 sind die aus dem logarithmischen Diagramm umgezeichneten Werte für die Wassermengen bei den drei verwendeten Ausflußdüsen, sowie die Werte für μ enthalten. Aus diesen beiden läßt sich die Wassermenge für jede Düse, jeden Wasserstand und jede Temperatur bestimmen.

Zahlentafel 1.

Versuch Nr.	Mündungsdurchmesser mm	Temperatur im Poncelet-gefäß t °C	Dauer des Versuches sk	Wasserstand am Anfang des Versuches cm	Wasserstand am Ende des Versuches cm	mittlerer Wasserstand cm	Gesamtgewicht der bei der Temperatur t ausgeflossenen Menge W_t' kg	stündlich ausfließende Wassermenge W_t kg/st	stündlich ausfließende Menge bei Zimmertemperatur W_z kg/st	$\frac{W_t}{W_z}$	Verhältnis der spezifischen Volumina des Wassers bei den Temperaturen t und z (20°) $\frac{V_t}{V_z}$	Verhältnis der Ausflußkoeffizienten: $\frac{\varphi_t}{\varphi_z} = \frac{W_t}{W_z} \frac{V_t}{V_z}$
1	6,70	75	90	59,98	59,71	59,84	10,420	416,7	415,0	1,004	1,025	1,030
2	6,70	70	90	59,78	59,27	59,52	10,310	412,3	414,0	0,995	1,023	1,019
3	6,70	77	90	57,97	56,64	56,31	10,180	407,0	402,5	1.011	1,026	1,037
4	6,70	78	90	32,74	33,14	32,94	7,620	304,7	306,3	0,995	1,027	1,023
5	6,70	13	240	57,74	56,54	57,14	27,000	405,0	405,0	1,000	1,000	1,000
6	6,70	13	210	81,83	80,24	80,54	28,100	481,5	482,0	0,9995	1,000	0,9995
7	6,70	13	210	80,06	79,46	79,76	27,930	478,3	479,5	0,9975	1,000	0,9975
8	6,70	32	210	81,05	80,62	80,83	28,160	482,5	482,7	0,9995	1,005	1,004
9	6,70	32	210	80,43	80,17	80,30	28,050	480,5	481,4	0,9980	1,005	1,003
10	6,70	77	210	74,65	71,84	73,25	26,600	456,0	459,7	0,9910	1,027	1,019
11	6,70	90	210	76,07	76,36	76,22	27,000	462,7	468,8	0,9870	1,036	1,023
12	6,70	93	210	76.48	76,48	76,48	27,000	462,7	469,9	0,9860	1,037	1,023
13	6,70	92	240	41,07	40,20	40,63	22,420	336,3	340,7	0,9875	1,037	1,025
14	11,47	58	90	60,75	60,25	60,50	30,620	122,6	122,3	1,003	1,014	1,016
15	11,47	57	90	59,28	58,84	58,05	30,120	120,4	119,8	1,004	1,014	1,017
16	11,47	55	90	58,24	57,92	57,08	30,120	120,4	118,7	1,013	1.014	1,026
17	11,47	20	90	57,81	57,23	57,52	29,880	119,5	119,2	1,003	1,000	1,003
18	11,47	20	90	56,30	55,75	56,02	29,500	118,0	117,5	1,004	1,000	1,004

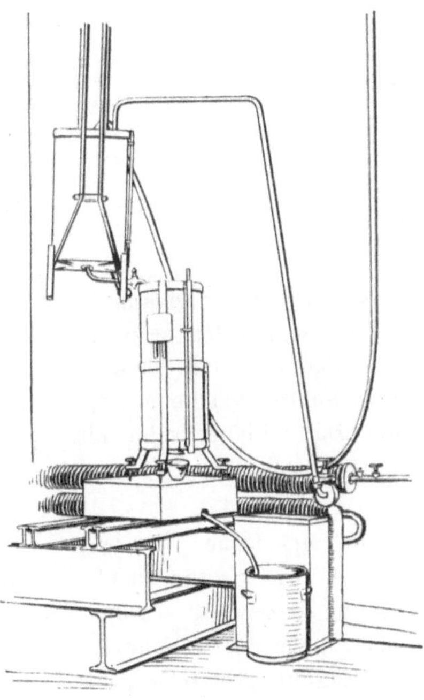

Fig. 4.

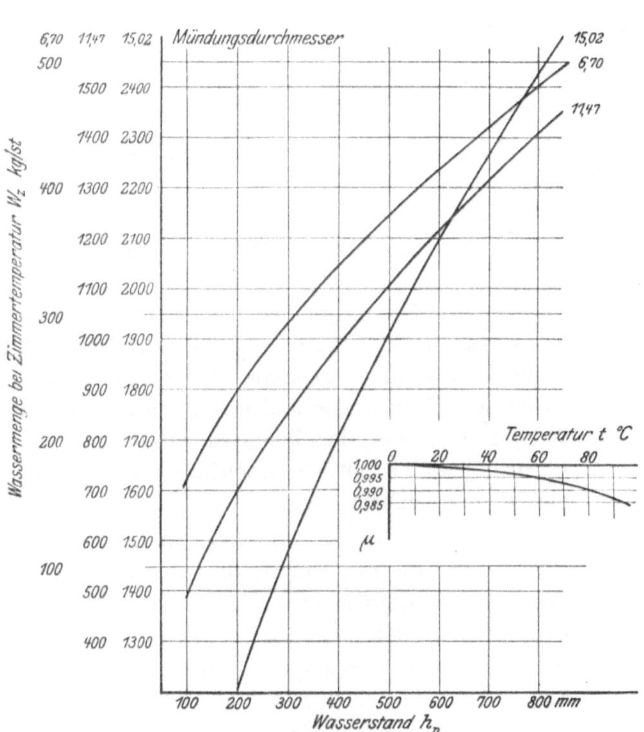

Diagramm 2.

3) Temperaturmessung.

Zur Verwenduug gelangten Quecksilberthermometer und Kupfer-Konstantan-Thermoelemente.

Die Quecksilberthermometer sind alle bei der Eichung ebenso tief eingetaucht gewesen, wie später beim Versuch. Es wird dadurch überflüssig, die Fadenberichtigung für jeden Fall zu berechnen; angenommen ist dabei, daß bei der Eichung und beim Versuch die Raumtemperatur dieselbe ist. Als Vergleichthermometer wurde ein in Fünftelgrade geteiltes Quecksilberthermometer mit einem Bereich von $0-110^0$ verwendet, das von der P. T. R. geeicht ist. Die Eichung selbst wurde in einem mit Glyzerin gefüllten Gefäß vorgenommen, das durch Gas geheizt war; ein Rührwerk besorgte die Mischung der Flüssigkeit. Das Vergleichthermometer hatte die Kugel in derselben wagerechten Ebene, wie die zu prüfenden Thermometer; da es deshalb aus der Flüssigkeit herausstand, mußte zur Bestimmung der wahren Flüssigkeitstemperatur noch die Fadenberichtigung zur Ablesung hinzugefügt werden; die dazu nötige mittlere Fadentemperatur wurde näherungsweise mit Hülfe eines Quecksilberthermometers bestimmt, dessen Kugel neben der Mitte des herausragenden Fadenteiles angebracht war. Alle Ablesungen wurden mittels Fernrohres vorgenommen, um das ruhige Brennen der Gasflamme nicht zu stören.

Die Thermoelemente dienten teils zur Kontrolle der Thermometermessungen, teils zu Messungen an Stellen, wo solche nicht angebracht oder schwer abgelesen werden konnten.

Da ihre konstruktive Ausbildung von der Form der Kühler und der Anlage der ganzen Versuchseinrichtung bedingt wird, soll sie erst bei der Beschreibung der letzteren besprochen werden. Daselbst wird auch auf deren Eichung eingegangen werden.

III. Abschnitt.

Beschreibung der Kühler.

Es wurden im ganzen drei Kühler untersucht: einer von Dr. Zimmermann in Ludwigshafen und zwei von Dr. Bieneck in Stuttgart. Die beiden letzteren im übrigen ganz gleich gebauten Kühler unterschieden sich bloß dadurch, daß der eine davon mit glatten, der andre mit schraubenförmig gewellten Rohren versehen war. Im folgenden soll der Zimmermannsche Kühler mit I, der glatte Bienecksche mit II, der gewellte mit III bezeichnet werden. Ihre Bauart ist in den Figuren 5, 6 und 7 zu erkennen.

Alle drei haben dieselben äußeren Abmessungen: 500 mm Höhe, 500 mm Breite und 100 mm Tiefe; sie sind ungefähr von der Größe, wie sie für 20 PS-Tourenwagen verwendet wird; die Abmessungen sind deshalb so gewählt worden, weil ursprünglich die Absicht bestand, die Laboratoriumsversuche durch Fahrversuche zu kontrollieren und hierfür ein 20 PS-Wagen zur Verfügung gestellt worden wäre. Da es jedoch möglich war, die Versuchseinrichtung den wahren Verhältnissen sehr gut anzupassen, konnte von diesen schwierigen Kontrollversuchen abgesehen werden.

Kühler I, Fig. 5, ist ein Luftröhren-(Bienenzellen-)Kühler. Er besteht aus kreiszylindrischen Messingrohren, deren Achse in der Fahrtrichtung liegt; durch sie hindurch streicht die Luft, um sie herum strömt das Wasser. Oben und unten ist der Kühler durch je einen Flansch abgeschlossen, an dem die Kästen für den Zu-

Fig. 5. Kühler I.

Fig. 6. Kühler II.

und Ablauf des Wassers befestigt werden. Die Rohre sind an den Enden kegelig aufgewalzt, so daß sich in der Mitte zwischen den nicht erweiterten, zylindrischen Teilen derselben Spalten bilden, die vom Wasser erfüllt werden. Die Rohrwände bestehen bloß aus dem Zinn, mit dem die Rohre aneinander gelötet sind. Den seitlichen Abschluß bilden an das Rohrsystem angelötete Messingbleche.

Wie aus Fig. 5 hervorgeht, wechseln zwei Arten von wagerechten Rohrreihen miteinander ab, von denen die eine nur ganze Rohre, die andre an den Enden je ein Halbrohr enthält; die eine Reihe hat 60 ganze Rohre, die andre 59 und zwei halbe; im ganzen sind von jeder Art 34 Reihen vorhanden, also

ganze Rohre: $34\,(60 + 59) = 4046$
halbe » : $34 \cdot 2 = 68$.

Fig. 7. Kühler III.

Die in Betracht kommende Kühlfläche ist die luftberührte; sie setzt sich zusammen aus den Oberflächen der Rohre, der Stirnwände und der Seitenwände. Die Flanschen waren bei den Versuchen da, wo sie der Luftströmung ausgesetzt waren, verschalt, kommen also nicht als Kühlfläche in Betracht.

Fig. 8 zeigt den Längsschnitt durch ein Rohr, sowie die Querschnitte von Halb- und Ganzrohren.

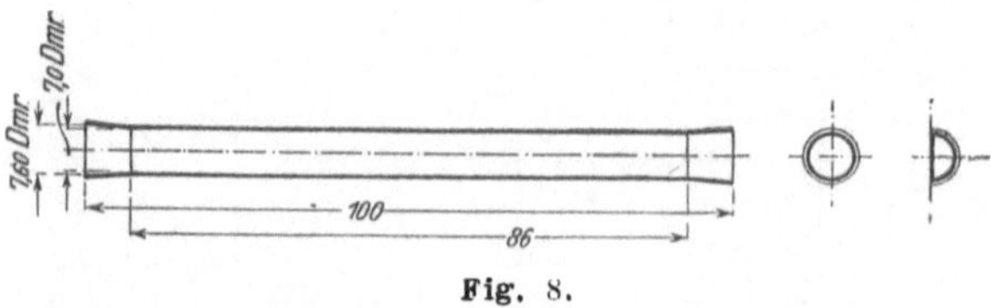

Fig. 8.

Die Fläche eines ganzen ist:

$$f^1/_1 = 86 \times 7{,}0 \times \pi + 14\,\frac{7{,}0 + 7{,}6}{2}\,\pi = 2212 \text{ qmm},$$

die Flächen eines halben:

$$f^1/_2 = \frac{f^1/_1}{2} + 86 \times 7{,}0 + 14\,\frac{7{,}0 + 7{,}6}{2} = 1810 \text{ qmm},$$

zusammen für 4046 ganze und 68 halbe Rohre:

$$F_R = 9\,072\,800 \text{ qmm} = 9{,}0728 \text{ qm}.$$

Die Stirnfläche ohne die Flansche ist ein Rechteck von 475 mm Höhe und 494 mm Breite; seine Fläche: $F_{st} = 234\,650$ qmm

Davon gehen ab die sämtlichen Rohröffnungen:

$$F_{R0} = 4046 \frac{7{,}6^2}{4} \pi + 68 \frac{7{,}6^2}{8} \pi = 185088 \text{ qmm.}$$

Die beiden Stirnwände zusammen also:

$$2\,(F_{st} - F_{R0}) = 2\,(234\,650 - 185\,088) = 99\,200 \text{ qmm} = 0{,}0922 \text{ qm.}$$

Die Seitenwände sind Rechtecke von 100×475 qmm, beide zusammen haben somit eine Oberfläche von:

$$2\,F_s = 2\,(100 \times 475) = 95\,000 \text{ qmm} = 0{,}0950 \text{ qm.}$$

Die gesamte luftberührte Kühlfläche daher:

$$F = F_R + 2\,(F_{st} - F_{R0}) + 2\,F_s = 9{,}2670 \text{ qm.}$$

Wichtig ist noch die Luftdurchlässigkeit des Kühlers (λ), das Verhältnis des engsten Querschnitts der Luftwege zur ganzen Stirnfläche. Für letztere ist hierbei $F_{st} = 0{,}25$ qm eingesetzt, um sie in Uebereinstimmung zu bringen mit dem Querschnitt des bei den Versuchen verwendeten Austrittsrahmens (F_K). Hierdurch wird λ etwas zu niedrig, der Fehler ist jedoch ohne Belang.

$$F_{\min} = \frac{4046 \cdot 0{,}007^2 \pi}{4} + \frac{68 \cdot 0{,}007^2 \pi}{8} = 0{,}157 \text{ qm}$$

$$\lambda = \frac{F_{\min}}{F_{st}} = \frac{0{,}157}{0{,}259} = 0{,}628.$$

Kühler II, Fig. 6, ist ein Wasserrohrkühler. Die Rohre stehen senkrecht in 7 Reihen hinter- und 62 Reihen nebeneinander. Sie sind oben und unten in Rohrböden aus Blech eingelötet. Die Abschlüsse bilden Flansche von gleichen Abmessungen wie die des Kühlers I, so daß dieselben Wasserkästen verwendet werden können. Die Rohre sind in der Richtung der Luftströmung flachgedrückt, Fig. 9.

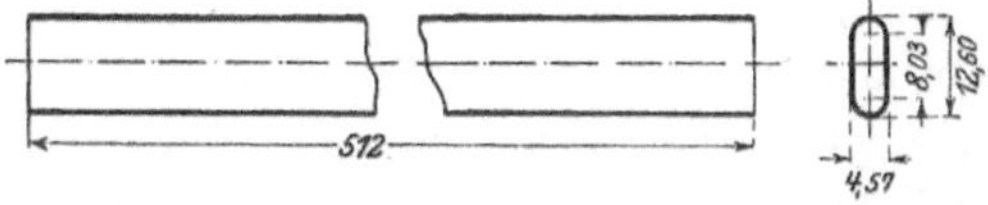

Fig. 9.

Die äußere Oberfläche eines Rohres (luftberührte Fläche) beträgt:

$$f = 512\,(2 \cdot 8{,}034 + 4{,}57\,\pi) = 15\,580 \text{ qmm,}$$

für alle Rohre:

$$F_R = 7 \cdot 62 \cdot 15\,580 = 6\,760\,000 \text{ qmm} = 6{,}76 \text{ qm.}$$

Die kleinen Flächen der Rohrböden, die zwischen den Rohren übrig bleiben, liegen im Windschatten der Flansche, sollen deshalb nicht als Kühlfläche betrachtet werden. Den seitlichen Abschluß bilden starke U-förmig gebogene Eisenbleche, die jedoch nicht vom Wasser berührt werden und darum auch nicht zur Kühlfläche gehören. Diese ist somit gleich der Rohroberfläche:

$$F = F_R = 6{,}76 \text{ qm.}$$

Die Luftdurchlässigkeit ergibt sich hier aus dem Verhältnis der Summe der Spaltbreiten zwischen den Wasserrohren zu der Gesamtbreite des Kühlers:

Summe der Spaltbreiten: $b_{min} = b_{st} - 62 \cdot 4{,}57 = b_{st} - 283$,
Breite der Stirnfläche: $b_{st} = 500$,

somit:

$$\lambda = \frac{F_{min}}{F_{st}} = \frac{b_{min}}{b_{st}} = \frac{500-283}{500} = 0{,}429.$$

Kühler III, Fig. 7, unterscheidet sich vom Kühler II nur dadurch, daß bei ihm die Rohre nicht nur flachgedrückt sind, sondern auch noch schraubenförmige Wellen besitzen, Fig. 10. Dadurch wird die Kühlfläche etwas vergrößert. Wie man sich durch Ausstrecken abgeschnittener Stücke von Proberohren überzeugen

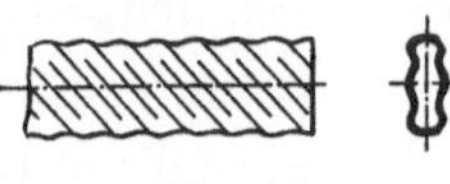

Fig. 10.

kann, tritt eine merkliche Vergrößerung des Rohrumfanges beim schraubenförmig Ziehen nicht ein; hingegen wird die Länge einer Mantellinie dadurch vergrößert. Die Mantellinie ist keine Gerade mehr, sondern eine Wellenlinie; zur Ermittlung ihrer Länge wurde ein Streifen Stanniol dicht angedrückt und nach Wiederausstrecken gemessen. Dabei ergab sich eine Vergrößerung der Mantellinienlänge um 2 vH. Denselben Betrag hat also auch die Vermehrung der Kühlfläche gegenüber Kühler III:

$$F_{III} = F_{II} \cdot 1{,}02 = 6{,}76 \cdot 1{,}02 = 6{,}91 \text{ qm}.$$

Die Luftdurchlässigkeit ist dieselbe wie für den vorhergehenden Kühler:

$$\lambda_{III} = \lambda_{II} = 0{,}429.$$

IV. Abschnitt.

Beschreibung der Versuchseinrichtung.

Die Grundlage der ganzen Anlage ist folgende: Die Fahrt des Kühlers wird durch den gegen ihn geleiteten Luftstrom ersetzt; er zerteilt den Luftstrom — ein Teil geht hindurch, ein andrer wird nach außen abgelenkt —, jedenfalls treten vor dem Kühler Strömungen nach allen Richtungen hin auf, die es unmöglich machen, die der Fahrgeschwindigkeit entsprechende Luftgeschwindigkeit zu messen. Das muß vielmehr geschehen, wenn die Luft frei aus der Düse herausbläst. Es bildet sich da ein nur wenig erweiterter Strahl aus, in dem, da alle Stromfäden nahezu parallel sind, die Feststellung der Geschwindigkeit leicht und sicher vorgenommen werden kann.

In diesen Strom wird dann der Kühler eingebracht; seine Entfernung vom Düsenrand wird durch folgendes bestimmt: Durch das Einführen des Kühlers entsteht ein Rückstau, d. h. der Druck im Beruhigungsgefäß steigt. Diese Drucksteigerung setzt sich zum Ventilator hin fort, der infolgedessen weniger fördert — die Luftgeschwindigkeit fällt. Es wurde darum der Kühler soweit von der Düse abgerückt (450 mm), bis die Druckvermehrung auch bei den höchsten in Verwendung kommenden Luftgeschwindigkeiten mit Hülfe des am Beruhigungsgefäß angeschlossenen, übersetzten Manometers nicht mehr nachgewiesen werden konnte.

In der Ausführung teilt sich die ganze Vorrichtung in zwei streng geschiedene Gruppen:

1) Die Anlage zur Erzeugung des Luftstromes,

2) die eigentliche Versuchseinrichtung, die den Kühler mit allen andern zum Betrieb und zur Messung notwendigen Apparaten umfaßt.

l) Die Erzeugung des Luftstromes.

Entsprechend der Einrichtung der Vorversuche umfaßt die Anlage zur Erzeugung des Luftstromes in der Hauptsache den Kreiselventilator samt Antriebmotor, das Beruhigungsgefäß und die Düse.

Der Ventilator war ein von der Sächs. Gußstahlfabrik Döhlen dem Laboratorium zur Verfügung gestellter Schielescher Kreiselventilator. Seine Ausblaseöffnung hatte 500 mm Dmr.

Fig. 11. Gesamtbild.

Zum Antrieb diente eine Dampfmaschine (die Hartmannsche Pumpmaschine des Laboratoriums), deren Umlaufzahl mittels Handregulierung der Expansionssteuerung unverändert gehalten wurde; sie konnte an einem Tachometer dauernd abgelesen werden. Die Kraftübertragung auf den Ventilator erfolgt durch einen Riementrieb. Ursprünglich sollte der Riemen unmittelbar vom Schwungrad der Dampfmaschine zur Antriebscheibe des Ventilators führen; da er bei dieser Anordnung an der kleinen Scheibe einen sehr geringen Umspannungswinkel hatte, trat bei höheren Umlaufzahlen starkes Gleiten ein. Das naheliegende Aushülfsmittel, eine Spannrolle anzubringen, war aus konstruktiven Gründen schwer durchführbar; es wurde darum die vorliegende Anordnung gewählt, die sich auch sehr gut bewährt hat: auf einer Vorgelegescheibe laufen zwei Riemen aufeinander, der Hauptriemen vom Schwungrad her auf einem kurzen geleimten Riemen, der seinerseits den Ventilator treibt. Die Vorgelegescheibe hat ungefähr denselben Durchmesser wie die Antriebscheibe. Auf diese Weise ist der Hauptriemen bedeutend verlängert, sein Umspannungswinkel an der Vorgelegescheibe ist vergrößert, so daß ein Gleiten zwischen den Riemen, besonders bei dem hohen Reibungskoeffizienten von Leder auf Leder, nicht mehr vorkommt. Der kleine Riemen hat auf der Antriebscheibe des Ventilators 180^0 Umspannungswinkel, der genügt, um ein Rutschen desselben auf der Scheibe zu verhindern. Außerdem ist die Nachspannung der Riemen durch Verschiebung des Trägergestelles für das Vorgelege sehr leicht zu bewerkstelligen. Aus dem Uebereinanderlaufen der Riemen haben sich keine Schwierigkeiten ergeben.

Die eigentümliche verkehrte Aufstellung des Ventilators war dadurch bedingt, daß die Umlaufrichtungen der Dampfmaschine und des Ventilators festlagen. Umkehrung der Drehrichtung durch Kreuzen eines der Riemen war nicht angängig wegen der hohen Geschwindigkeiten (bis zu 25 m/sk). Der Ventilator mußte mit der Ausblaseöffnung gegen die Dampfmaschine gestellt werden. Die von ihm geförderte Luft wird durch das in Fig. 12 sichtbare Umleitrohr dem Beruhigungsgefäß zugeführt.

Fig 12. **Rückansicht.**

Die großen Luftmengen, die das Beruhigungsgefäß durchströmen, machen seine bedeutenden Abmessungen nötig. Da es aber nur ganz geringe Drücke aufzunehmen hatte, konnte es trotzdem durch Verwendung von Papier für den Zylindermantel recht leicht gehalten werden. Seine Konstruktion zeigt Fig. 13.

Vier doppelte, aus je 16 Brettstücken verleimte und verschraubte Holzringe werden zunächst durch 6 eiserne Anker verbunden; in Einschnitte am Umfang werden 24 Holzlatten gelegt und an den Ringen fest vernagelt; auf diese Weise bildet sich eine Art von Käfig, auf den das Papier zuerst aufgeleimt, dann noch durch aufgenagelte Pappestreifen an den Rändern befestigt wird. Es wurde Zeichenpapier verwendet, dessen vorher im Faserstofflaboratorium der Hochschule ermittelte Zerreißfestigkeit von ungefähr 8 kg auf 1 cm Breite des Probestreifens reichliche Sicherheit bot.

Die beiden Böden, deren einer den Anschluß des Umleitrohres vom Ventilator her, der andre die Ausblasedüse aufzunehmen hat, bestehen aus mit Nut und Feder verfalzten Brettern; sie sind durch Balken versteift, die an den in der Zeichnung sichtbaren Winkelringen mit Hülfe eiserner Laschen befestigt sind. Diese Ringe dienen zum Anspannen der Böden; die 6 Anker sind durch Löcher durch sie hindurchgeführt, mit Gewinde versehen und ermöglichen so, die beiden Böden gegen die Endringe zu pressen. Als Dichtung wird Fensterkitt verwendet, der hier vollkommen genügt.

Im Innern befindet sich gegenüber der Einströmöffnung ein blecherner Kegel, der den eintretenden Luftstrom zerteilen soll; am dritten Ring ist ein Mullsieb befestigt, das zur vollkommenen Beruhigung der Luft dient.

Das Wichtigste für die Erzielung eines gleichmäßigen Luftstromes war die richtige Konstruktion der Düse; ihre Form konnte nur im großen Maßstab selbst ermittelt werden. Mehrere Versuchsdüsen führten erst zu ihrer endgültigen Form. Der Austrittquerschnitt war von vornherein als ein Quadrat von 600 mm Seitenlänge angenommen, um den Strahl jederseits 50 mm größer als den Kühler zu bekommen;

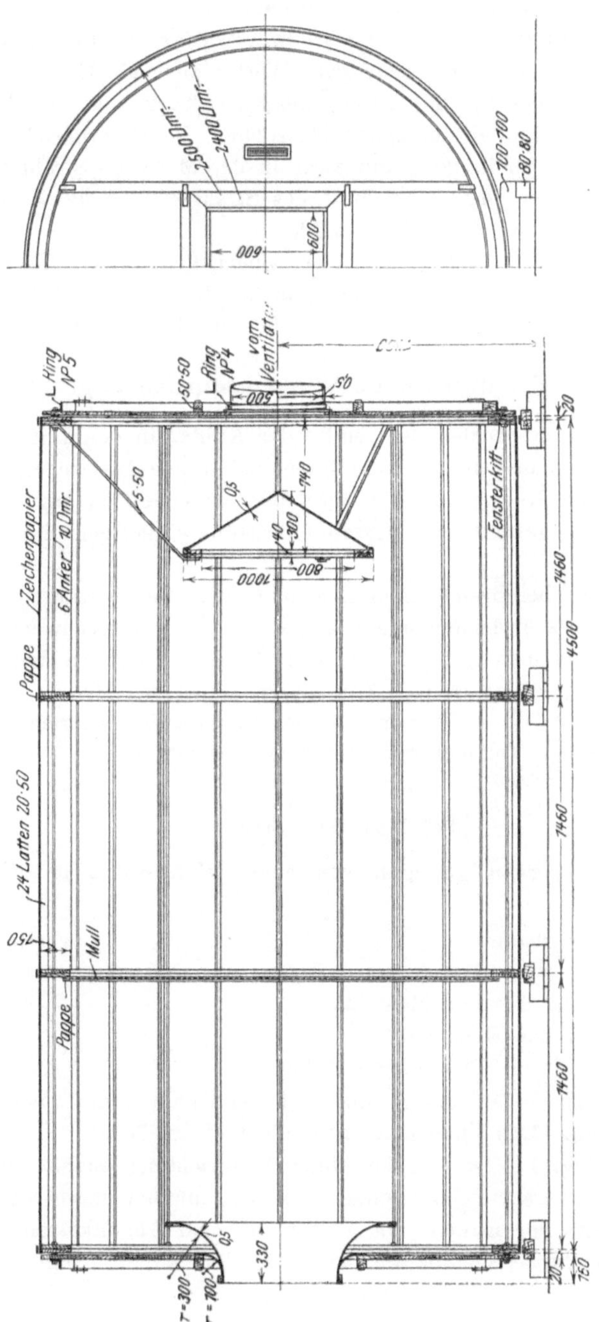

Fig. 13. Beruhigungsgefäß.

auf diese Art wird das Gebiet der Randwirkungen (Verzögerungen im Strahl) von der Kühlstirnfläche entfernt.

Die erste der Versuchsdüsen, die dann am Deckel belassen wurde und in welche die späteren hineingesetzt wurden, Fig. 13, hatte zu kleine Abrundung (100 mm); die Strahlgeschwindigkeit war in der Mitte am geringsten und stieg nach den Rändern zu an. Die Randwirkung war gering, weil die Reibung an den schmalen Flächen der kleinen Abrundung gering ist.

Die zweite, aus Pappe gefertigte, hatte 250 mm Abrundung. Die Verteilung in der Mitte des Querschnittes war schon sehr gut; nur waren wegen der Rauhigkeit der Pappe ziemliche Randwirkungen vorhanden.

Die dritte, endgültig verwendete Düse war wieder aus Blech, hatte 300 mm Abrundungshalbmesser und ergab sehr gute Werte; über die Größe der Kühlstirnfläche war eine Veränderung der Geschwindigkeit kaum noch zu bemerken; es wurde darum auch bei allen folgenden Messungen der Strahlgeschwindigkeit das Anemometer nur an einem Punkte, und zwar in der Mitte des Strahles, aufgestellt; es befand sich dabei in dem Querschnitt des Strahles, den die Vorderfläche des Kühlers einnimmt, wenn er eingefahren wird.

Neben der Düse befindet sich hinter einem Fenster ein Thermometer zur Messung der Lufttemperatur vor dem Eintritt in den Kühler; es wird durch eine im Innern des Beruhigungsgefäßes befindliche Glühlampe beleuchtet.

2) Die eigentliche Versuchseinrichtung.

Wie schon oben besprochen ist, sollte der Kühler in den Luftstrom erst eingebracht werden, wenn dessen Geschwindigkeit bei freiem Ausströmen bestimmt ist. Zu dem Zweck ist der Kühler vor der Düse quer verschieblich angebracht, indem er auf einen Wagen gestellt ist, dessen Fahrbahn winkelrecht zur Richtung des Stromes liegt.

Das Kühlwasser beschreibt einen Kreislauf, weil die fortwährende Zufuhr von frischem Wasser eine sehr bedeutende Wärme- und Wasserverschwendung gewesen wäre. Es kommt aus dem Heizgefäß in das Meßgefäß, dann in den Kühler, aus dem es dem Sammelgefäß zuströmt. Eine Pumpe führt das Wasser von da wieder ins Heizgefäß zurück. Es läuft von diesem bis zum Sammelgefäß mit eigenem Gefälle, die einzelnen Vorrichtungen mußten deshalb übereinander angebracht werden.

a) Das Gestelle.

Alle Apparate werden getragen von einem Holzgerüst, das in fünf Teile zerfällt:

1) Die Wagenfahrbahn,
2) den Kühlerwagen,
3) das Gestell für das Ponceletgefäß,
4) den Bock für das Heizgefäß,
5) das Fundament für Pumpe und Motor.

Die Fahrbahn ist so lang ausgeführt, daß der Kühler ganz aus dem Luftstrom entfernt werden kann. Das Ende derselben bildet einen Tisch.

Der Wagen, Fig. 14, ist von der übrigen Einrichtung unabhängig. Auf vier Rädern ruhen zwei Paare sich kreuzender Balken; auf den hervorragenden Enden der Querbalken steht der Kühler mit seinen Zu- und Ablaufkasten. Der übrige Raum bleibt frei für die Nebenapparate, die unmittelbar an den Kühler angeschlossen werden müssen.

Das Gestell für das Ponceletgefäß ist viel größer, als es für diesen Zweck allein nötig gewesen wäre; es muß aber außerdem noch Raum bieten zur Aufstellung des Bockes für das Heizgefäß und eine Plattform bilden, von der aus die Einstellung der hochliegenden Apparate vorgenommen werden kann. Ein von ihm zur Wand

Fig. 14.

gelegtes Brett macht den Hahn der Wasserleitung zugänglich; an der einen Seitenwand des Gestelles ist die Schalttafel für die elektrische Einrichtung angebracht.

Der Bock für das Heizgefäß hebt dieses so hoch, daß sein Ablaufhahn über die obere Kante des Ponceletgefäßes zu liegen kommt.

Unter der Wagenbahn sind Pumpe und Motor zusammen auf zwei Balken verschraubt.

b) Die Wasser- und Dampfleitungen.

Eine Uebersicht über die gesamten Rohrleitungen gibt Fig 15. In das oberste, das Heizgefäß, münden eine Anzahl von Rohren: das Wasserrohr von der Pumpe, das Rohr von der Wasserleitung zum Nachfüllen und zwei Dampfleitungen: die eine endet in einer Körtingschen Mischdüse, die gewöhnlich bei den Versuchen zur Heizung verwendet wurde; die andre in einen gelochten Ring, der beim Anheizen und bei sonstigem großem Wärmeverbrauch in Verwendung kam. Beide Leitungen besitzen Hähne mit Feineinstellung. Am Heizgefäß ist außerdem noch ein Ueberlaufrohr zur Gleichhaltung des Wasserstandes, sowie ein Wasserstandglas angebracht. Durch einen Hahn gelangt das Wasser zum Ponceletgefäß; dieses ist außer mit einem Wasserstandglas noch mit einem einstellbaren Ueberlauf versehen, dessen Zweck die feine Regelung und Erhaltung des Wasserstandes ist. Der Zeiger an dem Ueberlaufgefäß befindet sich in derselben Ebene wie die obere Kante des Trichters; stellt man den Zeiger auf die gewünschte Wasserhöhe ein, so läuft alles Wasser, das mehr zuläuft, als die dem eingestellten Wasserstande entsprechende Ablaufmenge beträgt, durch den Trichter weg; der Wasserstand und damit die durch die Düse ablaufende Wassermenge sind stets gleich. Die Ueberlaufleitung führt zum Sammelgefäß vor der Pumpe. Die Auslaufmündung des Ponceletgefäßes kann von oben her durch ein Ventil verschlossen werden, damit nicht bei Beendigung der Versuche oder beim Wechseln der Düse jedesmal das ganze Wasser aus dem Gefäß abgelassen werden muß.

Aus dem Ponceletgefäß fällt das Wasser in einen Trichter, der es dem Kühler zuführt. Hier gelangt es in einen Fangtrichter (etwa mitgebrachter Schmutz wird

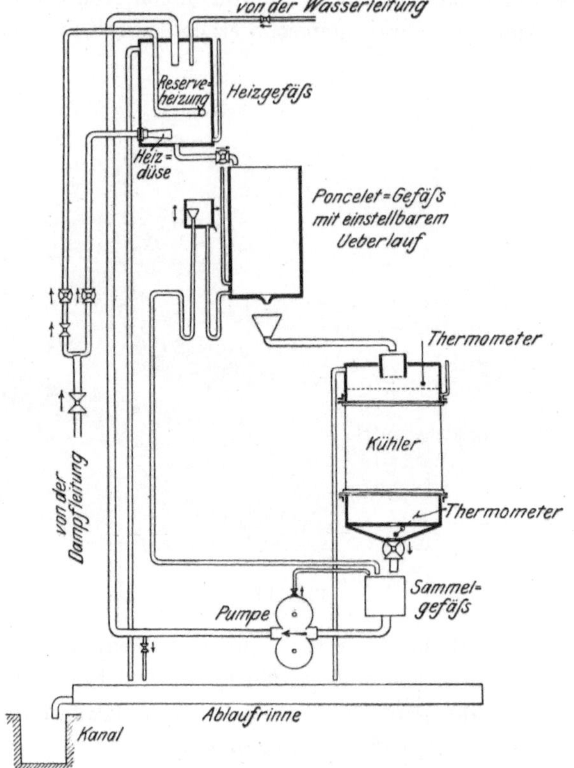

Fig. 15. Rohrplan.

Fig. 16. Ponceletgefäß.

von einem darin angebrachten Sieb zurückgehalten) und kommt in den eigentlichen Einlaufkasten des Kühlers, den ein zweites Sieb durchquert, welches das frisch ankommende Wasser auf den ganzen Querschnitt des Kastens verteilt. Von seinem hölzernen Deckel ragen ein Thermometer und der Oelsack eines Thermoelementes in den Wasserraum hinunter. Ein Sicherheitsüberlauf führt etwa zu hoch steigendes Wasser zur Ablaufrinne hinunter. Ein Schauglas läßt die Höhe des Wasserstandes dauernd beobachten.

Der Wasserstand wird im Einlaufkasten stets gleich (150 mm über Oberkante Kühler) gehalten durch Stellen an dem Schieber mit Feineinstellung, der sich unten am Auslaufkasten befindet. Er wird bewegt durch einen langen Steckschlüssel, der unter dem ganzen Kühlerwagen weggeführt und an der bequem zugänglichen rückwärtigen Seite ein Handrad und eine Scheibe mit Skala und Feineinstellung trägt, Fig. 11 und 14.

In das Sammelgefäß führt außer dem Kühlerablauf und dem des Ueberlauftrichters am Ponceletgefäß auch noch eine Dampfabzugleitung der Pumpe. Sie war notwendig, weil diese, wenn sie Wasser von mehr als ungefähr 90^0 erhielt, sich mit Dampf anfüllte und nicht mehr saugte. War der Hahn der Abzugleitung aber offen, so förderte sie andauernd etwas Wasser mit Dampfblasen gemischt in das Sammelgefäß zurück, konnte sich also nicht mehr mit Dampf anfüllen.

Durch das Kondensat des dauernd eingeblasenen Dampfes würde die Wassermenge im ganzen System stetig steigen, wenn nicht irgendwo für den Ablauf des Ueberschusses gesorgt wäre. Dieser läuft aber an dem Ueberlauf des Heizgefäßes ab und wird so zur Erhaltung des Wasserstandes darin benutzt. Alle andern regelmäßig abgebenden Abläufe sind in das Sammelgefäß zurückgeführt.

c) Temperaturmessung.

Außer Quecksilberthermometern (Luft im Beruhigungsgefäß, Wassereintritt und -austritt am Kühler) wurden noch eine Reihe von Thermoelementen verwendet. Das Thermometer am Wassereintritt wurde mittels Lupe, das am Austritt durch ein Fernrohr abgelesen, weil sonst der Luftstrom gestört worden wäre. Um das austretende Wasser zu mischen, ist im unteren Teil des Auslaufkastens ein Brett angebracht, welches den Kasten ganz durchquert und das nur in der Mitte ein Loch von 30 mm Dmr. besitzt; unter diesem befindet sich die Kugel des Thermometers, sowie die Lötstelle eines Thermoelementes. Beim Durchströmen durch das Loch wird das Wasser gemischt, außerdem ist dadurch Sicherheit geboten, daß wirklich die ganze unten aus dem Kühler austretende Wassermenge am Thermometer vorbeiläuft.

Das Thermometer am Beruhigungsgefäß ist in Zehntelgrade geteilt und kann genau genug unmittelbar abgelesen werden.

Die Thermoelemente bestanden aus Kupfer und Konstantan und waren alle aus Stücken von denselben Drähten hergestellt. Die Ablesungen wurden dynamisch ausgeführt, weil die — allerdings genauere — Messung durch Kompensation sehr langsam geht und deshalb hier nicht verwendet werden konnte, wegen der großen Zahl von Ablesungen, die zu machen waren; außerdem war es nicht möglich, den Beharrungszustand in dem ganzen System so genau festzuhalten, daß die hohe Genauigkeit des Kompensationsverfahrens hätte ausgenutzt werden können.

Alle Thermoelemente bestehen aus zwei Kupferdrähten von 1 und 2 m Länge und einem Konstantandraht von 2 m Länge. Die Verbindungsstellen sind teils durch Schweißen, teils durch Löten hergestellt; ein Unterschied in der elektromotorischen Kraft hat sich dabei nicht ergeben. Alle Elemente sind an einen thermokraftfreien Umschalter mit Petroleumbad angeschlossen. Von ihm führt eine Kupferleitung zu dem Galvanometer, das mittels einer dem Zweck angepaßten Thermometerlupe abgelesen wurde. Das Schema der Schaltung ist aus Fig. 17 zu ersehen. Die Drähte sind in Gummischläuche (Fahrradventilschlauch) eingeschoben und über Porzellanrollen geführt.

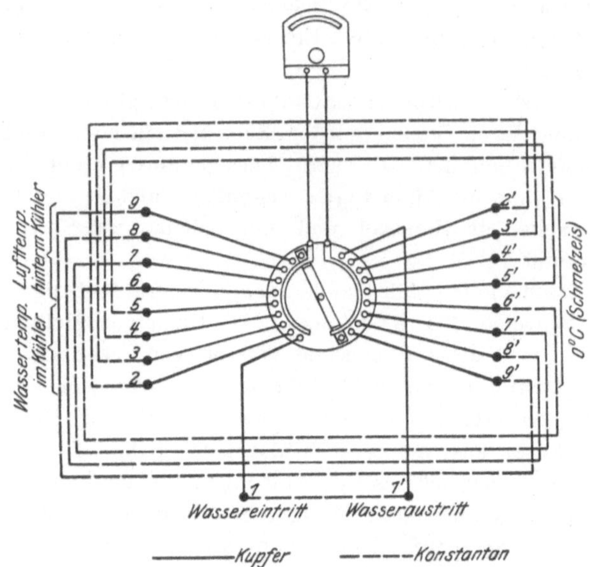

Fig. 17. Schaltungsschema für die Thermoelemente.

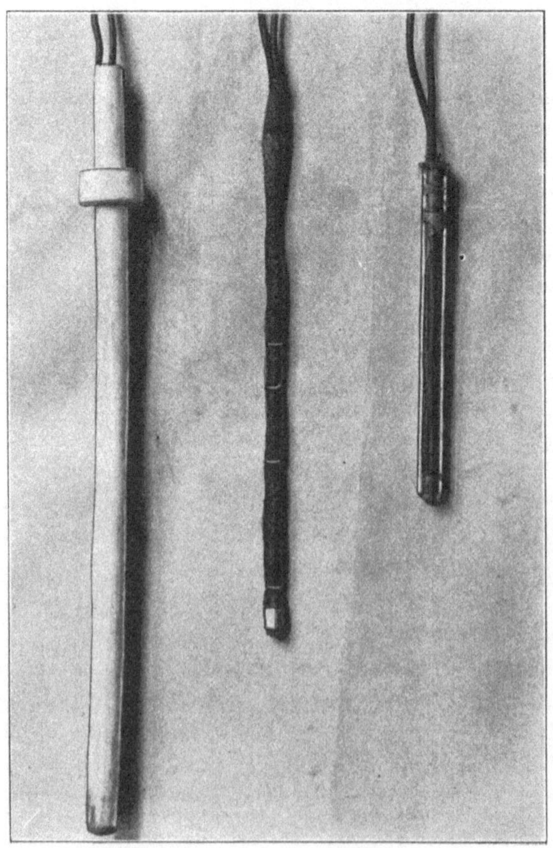

Fig. 18. Thermoelemente.

Die Thermoelemente wurden verwendet zur Messung folgender Größen:

Element 1. Temperaturunterschied zwischen Kühlwasserein- und -austritt.

Element 2 bis 5. Temperaturverlauf im Kühlwasser,

Element 6 bis 9. Temperatur der aus dem Kühler austretenden Luft.

Bei den Elementen 2 bis 9 lag eine Lötstelle in einem Gemisch von Eis und seinem Schmelzwasser; überschüssiges Wasser wurde weggesaugt, das Gemisch nach jeder Ablesungsreihe gerührt.

Die Lötstellen waren je nach ihrer Verwendungsart verschieden ausgebildet. Für alle in Flüssigkeiten liegenden (Element 1 und die 0^0-Lötstellen der andern) sind die gewöhnlichen Porzellanrohre verwendet worden, Fig. 18, 1, die Lötstelle ist dabei mit Schellack verschmolzen. Um sicher zu sein vor etwaigen Isolationsfehlern an Element 1, wo durch das heiße Wasser der Schellack sehr weich wird, ist die eine Lötstelle (Wassereinlauf) in einen Oelsack so verlegt worden, daß die Drähte die Wand des Sackes nicht berühren konnten.

Für die Luftmessung hinter dem Kühler waren die Porzellanrohre zu groß; hier sind Glasrohre verwendet, in die die Drähte samt den Isolationschläuchen eingeführt sind, Fig. 18, 3.

Eine ganz besondere Ausbildung erhielten die Thermoelemente für die Messung der Wassertemperatur im Kühler. Durchführbar war diese Messung überhaupt nur bei Kühler I; hier konnte eine Anzahl von Rohren, s. Fig. 5, vorne verschlossen werden. Es nimmt jetzt in ihnen die Metallwand die Wassertemperatur an, denn es streicht keine Luft mehr durch, die Wärme von der Wand abführen würde. Läßt man jetzt an der Wand eines so verschlossenen Rohres ein Kupferblech fest anliegen, so nimmt auch dieses die Wassertemperatur an; lötet man an das Kupferblech die Lötstelle eines Thermoelementes an, so kann man damit die Wassertemperatur an der betreffenden Stelle messen. Auf dieser Grundlage sind die Thermoelemente gebaut (Fig. 18, 2). Auf das eine Ende eines Messingdrahtes ist ein Gummipfropf aufgeschoben und durch zwei vor und hinter ihm an dem Draht angelötete Ringe festgehalten. Den Pfropf umfaßt ein kleiner zylindrisch zusammengebogener Kupferblechstreifen, an dessen Innenseite die Lötstelle angelötet ist. Der Streifen hält sich mittels kleiner Krallen an dem Pfropfen fest. Die Isolationschläuche der Drähte führen bis unter das Blech hinein; hinter dem Pfropfen sind sie durch Bewickeln mit Isolierband mit dem Messingdraht zu einem Stiel verbunden. Die Pfropfen sind in die Rohre des Kühlers so eingepaßt, daß der Gummi das Blech fest gegen die Rohre preßt. Die Drahtringe, die den Stiel des Elementes umfassen, dienen dazu, die Stellung seines Kopfes im Innern des Rohres erkennen zu lassen. Mit Hülfe dieser Einrichtung ist es möglich, die Wassertemperatur an einer beliebigen Stelle des Kühlers zu bestimmen.

Wie die Thermoelemente am Kühler angebracht sind, ist aus Fig. 14 zu ersehen.

Die Eichung geschah so, daß die fertig zusammengebauten Elemente in denselben Thermostaten, der für die Eichung der Thermometer verwendet war, eingebracht wurden, und zwar die Elemente 1, 6 bis 9 unmittelbar; die Elemente 2 bis 5 hingegen wurden in einzelne Rohrstücke gesteckt, die denen gleich waren, aus welchen der Kühler I zusammengesetzt ist. Die Rohrstücke waren unten verschlossen, oben ragten sie mit ihrem Rand aus dem Glyzerin heraus, blieben also mit Luft erfüllt; die Elemente sind somit hier genau so in die Flüssigkeit eingebracht wie am Kühler. Es zeigte sich nun, daß alle Elemente bei gleicher Temperatur gleiche Ausschläge ergaben. Damit ist bewiesen, daß die Lötstellen der Form 2 wirklich die Temperatur der Flüssigkeit annehmen. Die zusammengehörigen Werte EMK und Temperatur wurden im Diagramm 3 vereinigt.

Während der Versuche wurde noch eine Nacheichung vorgenommen, die zeigte, daß sich eine merkbare Veränderung der Thermoelemente nicht ergeben hat.

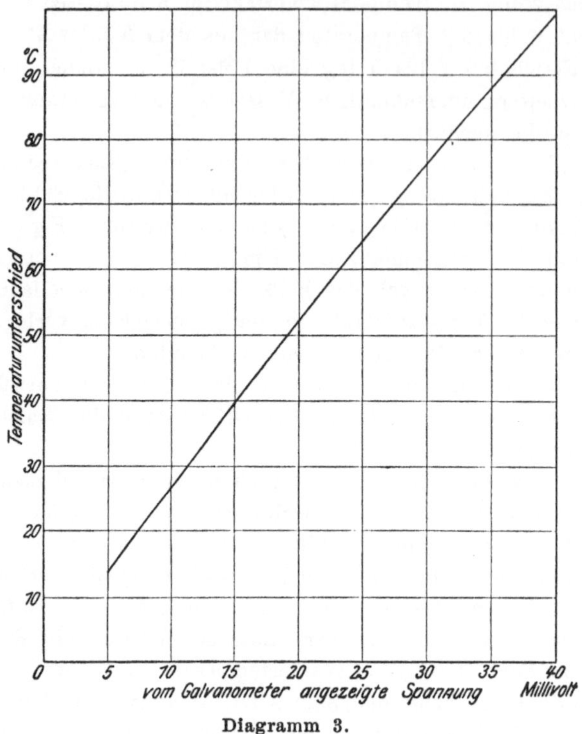

Diagramm 3.

d) Elektrische Einrichtung.

Es ist in der Hochschule ein Dreileiternetz von 2 mal 220 V vorhanden, dessen Mittelleiter blank an Erde liegt. An den Außenleitern ist eine Anschlußtafel mit zweipoligem Ausschalter und Sicherungen in der Nähe der Versuchsanlage angeschlossen, von der aus der Strom der letzteren zugeführt ist. Die weitere Verteilung ist aus dem Schaltungsschema Fig. 19 zu entnehmen.

Für die Beleuchtung der Thermometer und sonstigen Meßgeräte sind Glühlampen auf biegsamen Armen verwendet.

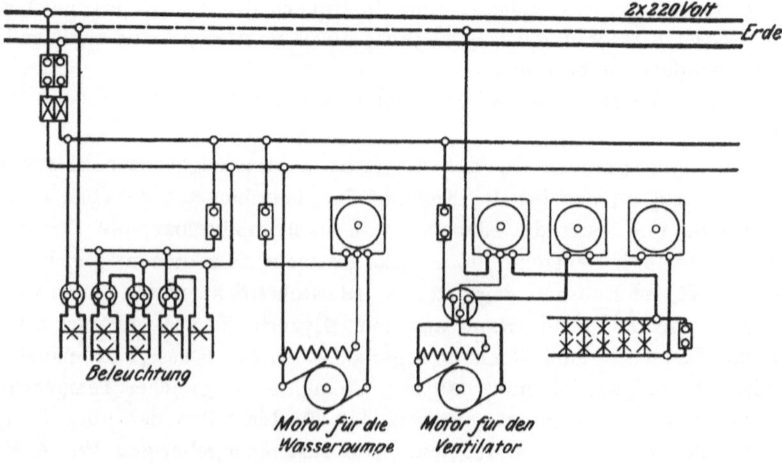

Fig. 19. Schaltungsschema.

Die Wasserpumpe wird durch einen Nebenschlußmotor von 440 V getrieben. Ein zweiter Motor (Nebenschluß 220 V) dient zum Betriebe eines Ventilators, Fig. 20, dessen Verwendung weiter unten zu besprechen ist. Seine Umlaufzahl kann

Fig. 20.

durch Einschalten von Widerständen in den Ankerstromkreis verändert werden. Dazu dienen zwei Kurbelwiderstände und eine Lampenbatterie, welch letztere durch einen zu ihr parallel liegenden Kurzschlußschalter ausgeschaltet werden kann.

e) Zubauten zum Kühler.

Die im Anfang der Arbeit erwähnte Forderung, die Versuchseinrichtung tunlichst den in der Praxis herrschenden Verhältnissen anzunähern, machte es nötig, den Kühler nicht nur freistehend zu untersuchen (Anordnung der Hauptversuche), sondern auch mit den am Wagen oder Luftschiff vorhandenen Nebenapparaten.

Von diesen kommen hier in Betracht:

beim Wagen der Motor, die Motorhaube und die Ventilatoren,

beim Luftschiff nur der Ventilator;

denn auch wenn der Motor hier hinter dem Kühler steht, ist er nie mit einer Haube umgeben und die Luft kann sich hinterm Kühler frei ausbreiten — eine Behinderung des Luftstromes durch den Motor ist also nicht zu befürchten.

Die Motorhaube des Wagens ist hier ersetzt durch ein Blechrohr von quadratischem Querschnitt, Fig. 20, an das sich rückwärts ein Rahmen schließt, der in einen kreisförmigen Ring übergeht; der Durchmesser dieses Ringes ist so groß, daß der bei den Versuchen verwendete Ventilator sich mit dem gerade nötigen Spiel darin drehen kann. Die durch den Ring entstehende Verengung entspricht dem Umstand, daß am Wagen meist die untere Schutzhaube und der Ausschnitt in der rückwärtigen Wand des Motorraumes an das Schwungrad ziemlich knapp anschließen, Fig. 1. Das Rohr setzt den Blechrahmen fort, der auch bei den Hauptversuchen am Kühler war. Der Querschnitt der so gebildeten Motorhaube ist der des Kühlers, ihre Länge ungefähr 1200 mm.

Der Motor selbst stellt ein flachgedrücktes Blechrohr dar, das die »Haube« von oben nach unten durchquert; es ist 250 mm breit (nimmt also die Hälfte des Querschnittes weg), ist vorn und hinten abgerundet und im ganzen 700 mm lang. Das entspricht ungefähr den Verhältnissen im Innern der Motorhauben von Automobilen.

Auf Luftschiffen kommen drei Anordnungen vor:

1) der Kühler steht frei,
2) der Kühler hat einen Ventilator, der von einem Ring umgeben ist,
3) der Kühler hat einen Ventilator, der frei hinter ihm steht.

Der hier benutzte Ventilator ist ein Doppel-Blackmann, der samt seinen aus Gasrohren bestehenden Tragarmen ursprünglich an dem Kühler II angebracht war. Er wurde für die Versuche an dem Bandeisengestell befestigt, das in Fig. 20 zu erkennen ist. Er kann mit beliebiger Umlaufzahl betrieben werden, die mittels Handumlaufzählers eingestellt und dann nach der Angabe des Tachometers unverändert gehalten wird.

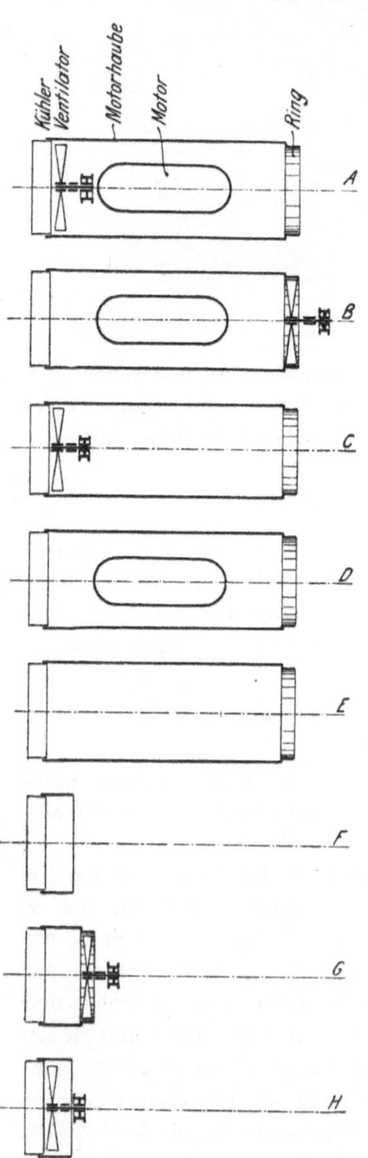

Fig. 21.

Es sind nun Versuche mit folgenden Aufstellungsarten vorgenommen worden, Fig. 21:

A) Ventilator vorn, Motor, Motorhaube, Anordnung der Automobile mit vorderem Ventilator, ohne Schwungradventilator.

B) Ventilator hinten, Motor, Motorhaube, Anordnung der Automobile ohne vorderen Ventilator, mit Schwungradventilator, s. Fig. 20.

C) Ventilator vorn und Motorhaube, Anordnung der Automobile mit kleinen Motoren, die oft den größten Teil des Haubenraumes freilassen, mit vorderem Ventilator, ohne Schwungradventilator,

D) ohne Ventilator, mit Motor und Motorhaube, Anordnung der Automobile ohne Ventilator,

E) ohne Ventilator, ohne Motor, mit Motorhaube, Anordnung der Automobile ohne Ventilator, mit kleinen Motoren (wie C),

F) ohne Ventilator, ohne Motor, ohne Haube, Anordnung 1 der Luftschiffe, zugleich Anordnung der Hauptversuche,

G) mit Ventilator im Ring, ohne Motor, ohne Motorhaube, Anordnung 2 der Luftschiffe,

H) Mit Ventilator, ohne Motor, ohne Haube, Anordnung 3 der Luftschiffe.

Dazu ist noch zu bemerken: der kurze Rahmen in der Anordnung H kann nicht als ein den Ventilator umgebender Ring angesehen werden, weil er nicht an ihn anschließt, also der Luft den Zutritt von den Seiten, insbesondere in den Ecken erlaubt.

Die Anordnungen F und H kommen auch bei Automobilen (Rennwagen ohne Hauben) vor. Es ist natürlich noch eine Reihe von andern Zusammenstellungen der gegebenen Elemente möglich. Hier sind aber die praktisch wichtigsten herausgegriffen, und es hat sich auch bei den Versuchen eine recht gute Uebersicht über die auftretenden Veränderungen ergeben.

Noch eine andre Abweichung von der Anordnung der Hauptversuche kommt oft vor: Meist sind sehr enge Räume für den Wasserzu- und besonders für den Wasserablauf vorhanden. Es ist nun wichtig zu untersuchen, welchen Einfluß diese Verengungen auf die übergehende Wärmemenge haben. Zu deren Nachahmung an der Versuchsvorrichtung wurden in je 6 mm Abstand von der oberen und der unteren Kühlerbasis zwei Bretter in den Wasserkästen befestigt; das ganze Wasser muß durch in deren Mitten angebrachte Löcher von je 30 mm Dmr. hindurch, um sich dann in dem engen Spalt von 6 mm Höhe zu verteilen, Fig. 22.

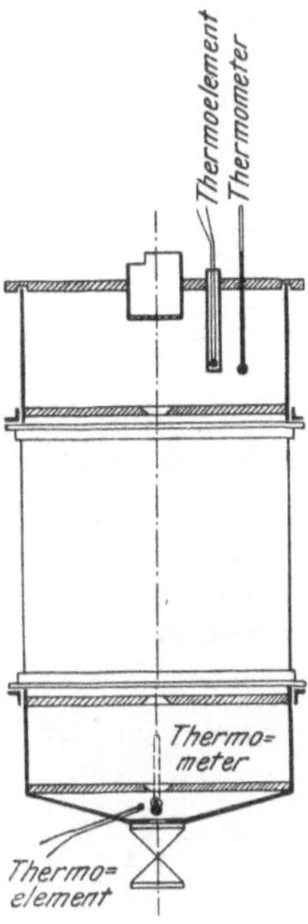

Fig. 22.

Die Versuche mit dieser Anordnung sind nur an den Kühlern I und II gemacht worden. Kühler III hat dieselbe Wasserführung wie II, es werden hier also dieselben Aenderungen auftreten.

V. Abschnitt.

Rechnungsgrundlagen.

1) Berechnung des Wärmedurchgangskoeffizienten.

Wie bei allen Fällen des Wärmedurchganges von einer Flüssigkeit durch eine Wand hindurch an eine andre Flüssigkeit wird als Maß für die Fähigkeit der vorliegenden Anordnung, Wärme zu übertragen, eine Größe $\varkappa$ eingeführt, die man Wärmedurchgangskoeffizient nennt. Sie stellt die Wärmemenge in kg-Kalorien dar, die stündlich für 1° Temperaturunterschied, auf 1 qm Wand von dem gegebenen Baustoff und der gegebenen Dicke aus einer gegebenen Flüssigkeit an eine andre gegebene Flüssigkeit übergeht, wenn in den beiden Flüssigkeiten die gegebenen Strömungsverhältnisse herrschen. Sie ist also von drei Größen abhängig: von der Fähigkeit der Wand, Wärme durchzulassen, und von der Fähigkeit einer jeden der beiden Flüssigkeiten, Wärme an die Wand abzugeben oder aus ihr aufzunehmen. Auch diese Größen werden durch Koeffizienten dargestellt.

Das Maß für die Wärmeleitfähigkeit der Wand bildet ein Koeffizient λ, der angibt, wieviel Wärme stündlich für 1° Temperaturunterschied auf 1 qm Wand und 1 m Dicke von ihr übertragen wird. Für die Wand von der gegebenen Dicke d also

$$\frac{\lambda}{d}.$$

Die Wärmeabgebefähigkeit der Flüssigkeiten wird durch den Wärmeübergangskoeffizienten α angegeben, der die Wärmemenge darstellt, die stündlich für 1° Temperaturunterschied zwischen der Flüssigkeit und der Wand und auf 1 qm Wand übergeht.

Diese Wärmeübergangskoeffizienten sind in hohem Grad von der Flüssigkeit selbst, dann aber auch davon abhängig, in welcher Art und ob überhaupt die Flüssigkeit an der Wand vorbeiströmt.

Aus diesen drei Werten ergibt sich der Wärmedurchgangskoeffizient nach der bekannten Gleichung:

$$\varkappa = \frac{1}{\frac{1}{\alpha_1} + \frac{1}{\frac{\lambda}{d}} + \frac{1}{\alpha_2}}.$$

Es soll nun gezeigt werden, daß hier der Einfluß zweier dieser Größen gegen den der dritten verschwindet.

$\left.\frac{\lambda}{d}\right)$ Für Messing ist:

$$\lambda = 72 \text{ bis } 108,$$

und soll hier möglichst ungünstig mit 72 angesetzt werden; d beträgt bei Kühler I 0,0001 m, bei II und III 0,0002 m, im ungünstigsten Fall also:

$$\frac{1}{\frac{\lambda}{d}} = \frac{d}{\lambda} = \frac{0{,}0002}{72} = 0{,}0000028.$$

α_1) Uebergangskoeffizient von Wasser.

Der Uebergangskoeffizient einer Flüssigkeit ist von der Art der Bewegung der Flüssigkeit abhängig; strömt sie stark und ist sie besonders in guter Wirbelung oder fein verteilt, so treten immer neue Teilchen aus ihrem Innern an die Wand, und die Wärme braucht nicht durch die Flüssigkeit hindurchgeleitet zu werden, weil eben die wärmeren Teilchen aus dem Innern selbst an die Wand kommen. Hier nun ist die Verteilung und Wirbelung sehr gut. Bei den Kühlern II und III beträgt die Stärke der Wasserfäden höchstens 4,37 mm, bei Kühler I umspült das Wasser die Rohre, die sich sogar bis auf 0,6 mm nähern. Man kann also hier mit den höchsten für Wasser gefundenen Werten rechnen.

$$\alpha_1 = 4000; \ \frac{1}{\alpha_1} = 0{,}00025.$$

α_2) Uebergangskoeffizient der Luft.

Es war der höchste Wert für $\varkappa$, der bei den Versuchen überhaupt gefunden wurde:

$$\varkappa = 110.$$

Die Formel für $\varkappa$ läßt sich auch schreiben:

$$\frac{1}{\varkappa} = \frac{1}{\alpha_1} + \frac{d}{\lambda} + \frac{1}{\alpha_2}.$$

Daraus kann man α_2 als $f\left(\varkappa, \alpha_1, \frac{d}{\lambda}\right)$ rechnen.

$$\frac{1}{\alpha_2} = \frac{1}{\varkappa} - \frac{1}{\alpha_1} - \frac{d}{\lambda}$$

$$= \frac{1}{110} - 0{,}00025 - 0{,}0000028 = 0{,}00884$$

$$\alpha_2 = 113.$$

Nimmt man nun an, die Größen α_1 und $\frac{d}{\lambda}$ seien zu vernachlässigen gegen α_2, d. h. setzt man sie gleich 0, so wird:

$$\alpha_2 = \varkappa = 110.$$

Der Fehler, der durch diese Annahme gemacht ist, beträgt somit:

$$\frac{113 - 110}{110} \cdot 100 = 2{,}7 \text{ vH.}$$

Größer kann der Fehler nicht werden. Wird α_2 kleiner, so wächst $\frac{1}{\alpha_2}$; der den Fehler darstellende Ausdruck:

$$\frac{1}{\alpha_2} - \left(\frac{1}{\alpha_2} + \frac{1}{\alpha_1} + \frac{d}{\lambda}\right)$$

wird kleiner.

Der Fehler von höchstens 2,7 vH soll im weiteren zugelassen werden, weil sich mit der Annahme, die ihn bedingt, ein sehr übersichtlicher und praktisch brauchbarer Rechnungsgang ergibt. Die Veränderlichkeit der Wärmedurchgangskoeffizienten mit der Wassermenge soll also vernachlässigt werden.

Für den Wärmedurchgang zwischen zwei Medien von wechselnden Temperaturen wird $\varkappa$ aus der gesamten stündlich durchgehenden Wärmemenge dadurch bestimmt, daß man sie durch die Kühlfläche und durch den mittleren Temperaturunterschied teilt:

$$\varkappa = \frac{Q}{F(\vartheta_m - \tau_m)}$$

wobei:

ϑ_m den Integrationsmittelwert für alle Wassertemperaturen im Kühler,
τ_m denselben für alle Lufttemperaturen bezeichnet.

Es lag nahe, den Kühler als einen aus einem homogenen Gemisch von Wasser, Kühlfläche und Luft bestehenden Körper zu betrachten, in dem die Luft

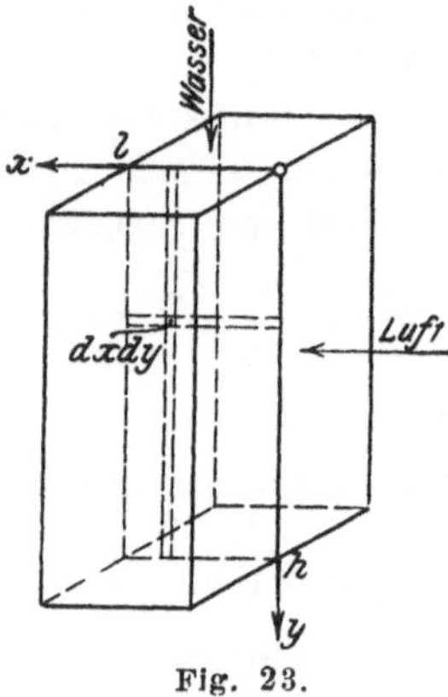

Fig. 23.

von vorn nach hinten, das Wasser von oben nach unten gleichmäßig durchströmt, wobei jedes Medium an jeder Stelle gleiche Geschwindigkeit hat und wobei der Wärmeübergang an jeder Stelle mit dem gleichen Koeffizienten vor sich geht. Dann könnte man, wenn die Verhältnisse über die Breite des Kühlers überall dieselben sind, alles auf einen ebenen Schnitt durch den Kühler beziehen (xy-Ebene), welcher die Strömrichtungen von Wasser und Luft enthält. Dieser Schnitt stellt dann die Kühlfläche dar, hat aber nur die Größe: lh, wenn l die Tiefe (Länge), h die Höhe des Kühlers ist, Fig. 23. Ein Element dieses ebenen Schnittes $dx\,dy$ stellt dann ein Element der Kühlfläche von der Größe:

$$\frac{F}{lh}\,dx\,dy$$

dar.

An ihm strömt einerseits ein Element der gesamten Wassermenge (W mit der spezifischen Wärme $c_w = 1$), anderseits ein Element der gesamten Luftmenge (L mit der spezifischen Wärme C_L) vorbei.

Ueber die Länge l strömt die ganze Wassermenge ein, auf die Längeneinheit also:

$$\frac{W}{l},$$

auf das Längenelement dx somit:

$$\frac{W}{l}\,dx.$$

Entsprechend gilt für die Luft auf das Höhenelement:

$$\frac{L}{h}\,dy.$$

Für die Wärmeübertragung nun gelten folgende Grundbeziehungen: Die am Flächenelement $dx\,dy$ vom Wasser abgegebene Wärmemenge muß durch die Wand hindurch übertragen und von der Luft aufgenommen werden.

Die vom Wasser abgegebene Wärmemenge ist gleich dem Produkt aus Menge, spezifischer Wärme und Temperaturänderung des Wassers:

$$-\,dQ = \frac{W c_w}{l}\,dx\,\frac{\partial\,\vartheta}{\partial\,y}\,dy,$$

denn die hier in Betracht kommende Wassermenge ist die oben abgeleitete:

$$\frac{W}{l}\,dx.$$

Ebenso groß ist die von der Luft aufgenommene Wärmemenge:

$$dQ = \frac{L\,c_L}{h}\,dy\,\frac{\partial\tau}{\partial x}\,dx.$$

Die durch die Wand durchgehende Wärmemenge ist gleich dem Produkt aus Temperaturunterschied zwischen den Medien zu beiden Seiten der Wand, Größe der Fläche und dem Koeffizienten $\varkappa$:

$$dQ = \frac{F\varkappa}{l\,h}\,dx\,dy\,(\vartheta - \tau).$$

Hier ist: $\frac{F}{l\,h}\,dx\,dy$ die oben abgeleitete Größe des Elementes der Kühlfläche. Aus der Integration dieser Gleichung kann dann $\varkappa$ berechnet werden:

$$Q = \frac{\varkappa\,F}{l\,h}\int\limits_0^l\int\limits_0^h(\vartheta - \tau)\,dx\,dy.$$

Dazu müßten aus den drei Grundgleichungen ϑ und τ als $f(x\,y)$ dargestellt werden.

Wie jedoch die Vorversuche zeigen werden, sind die Voraussetzungen nicht erfüllt, auf denen sich die Ableitung der drei Grundgleichungen aufbaut.

Die Wassergeschwindigkeit im Kühler ist nicht überall dieselbe, sondern sie ist gegen alle Ränder hin kleiner; auch die Wärmedurchgangskoeffizienten sind nicht überall gleich, sondern sie sind größer am Ein- und Ausgang der Rohre wegen der daselbst auftretenden Wirbelung.

Zur Berechnung eines mittleren Durchgangskoeffizienten wird darum ein Weg eingeschlagen, der bei guter Annäherung an die Wahrheit eine sehr einfache Darstellung erlaubt. Es ist die auch bei andern Wärmeübergangsaufgaben verwendete Annahme des geradlinigen Temperaturverlaufes.

Die Eintrittstemperaturen von Wasser und Luft sind über die betreffenden Eintrittquerschnitte stets gleich. Von den Austrittstemperaturen gibt die Messung die Integrationsmittelwerte: Ueber das Wasseraustrittsthermometer strömt die gesamte Wassermenge, die sich vorher beim Hindurchtritt durch das Loch in dem Brett gemischt hat — das Thermometer integriert selbsttätig die Wasseraustrittstemperaturen über die ganze Kühlerbasis; die austretende Luft wird an vier Stellen einer senkrechten Geraden mitten hinter dem Kühler gemessen; der Mittelwert dieser vier Ablesungen stellt eine Annäherung an den Integrationsmittelwert der Luftaustrittstemperaturen über die Kühler*höhe* und, da die Unterschiede in der Querrichtung gering sind, auch über die ganze Kühleraustritts*fläche* dar. Annahmen sind daher nur für den Verlauf der Wassertemperaturen von oben nach unten und für den Verlauf der Lufttemperaturen von vorn nach hinten gemacht. Die Vorversuche am Kühler I werden nun zeigen, daß für große Wassermengen diese Annahmen sich sehr genau mit der Wirklichkeit decken; für kleine Wassermengen ergeben sich allerdings ziemliche Abweichungen; nach dem im Anfang dieses Abschnittes über die Unabhängigkeit des Durchgangskoeffizienten von der Wassermenge Gesagten können aber die $\varkappa$-Werte, die sich für große Wassermengen ergeben, ohne nennenswerte Fehler auch auf kleinere übertragen werden.

Im folgenden soll bezeichnen:

Q die gesamte durchgegangene Wärmemenge in WE/st,

ϑ_1 die Wassereintrittstemperatur in °C,

ϑ_{2m} die am Auslaufthermometer gemessene mittlere Wasseraustrittstemperatur in °C,

τ_1 die Lufteintrittstemperatur in °C,

τ_{2m} den Mittelwert der Luftaustrittstemperaturen in °C,

$\varkappa$ den Wärmedurchgangskoeffizienten,

W die Wassermenge in kg/st,

c_w die spezifische Wärme des Wassers gleich 1,

L die Luftmenge in cbm/st bei der Temperatur τ_{2m},

C_{pL} die spezifische Wärme der Luft, bezogen auf die Volumeinheit bei 1 at und bei Temperatur τ_{2m},

F die Kühlfläche in qm.

Dann gelten die Beziehungen:

$$Q = W c_w (\vartheta_1 - \vartheta_{2m}) \quad \ldots\ldots\ldots \quad (1),$$

$$Q = L C_{pL} (\tau_{2m} - \tau_1) \quad \ldots\ldots\ldots \quad (2),$$

$$Q = F\varkappa (\vartheta_m - \tau_m) = F\varkappa \left(\frac{\vartheta_1 + \vartheta_{2m}}{2} - \frac{\tau_1 + \tau_{2m}}{2} \right) \quad \ldots\ldots \quad (3).$$

Die sicherste Bestimmung von Q liefert Gl. (1). Die Güte der Uebereinstimmung von Gl. (1) und Gl. (2) ist ein Maß für die Genauigkeit der Luftmessung. Aus Gl. (3) kann $\varkappa$ berechnet werden.

2) Abhängigkeit der durchgehenden Wärmemenge von den Eintrittstemperaturen, der Kühlfläche, der Wassermenge, der Luftmenge nnd von dem Wärmedurchgangskoeffizienten.

Die im vorhergehenden Abschnitt gemachten Annahmen über den Temperaturverlauf ermöglichen eine sehr einfache und übersichtliche Darstellung der übergehenden Wärmemenge als Funktion der Größen:

$$\vartheta_1,\ \tau_1,\ F,\ W,\ L,\ \varkappa.$$

Gl. (1) kann auch geschrieben werden:

$$\vartheta_{2m} = \vartheta_1 - \frac{Q}{W c_w}.$$

Gl. (2) ebenso:

$$\tau_{2m} = \tau_1 + \frac{Q}{L C_{pL}}.$$

In Gl. (3) eingesetzt ergibt sich:

$$Q = F\varkappa \left(\frac{\vartheta_1 + \vartheta_1 - \frac{Q}{W c_w}}{2} - \frac{\tau_1 + \tau_1 + \frac{Q}{L C_{pL}}}{2} \right),$$

$$\frac{Q}{F\varkappa} = \vartheta_1 - \tau_1 - \left(\frac{Q}{2 W c_w} + \frac{Q}{2 L C_{pL}} \right),$$

$$\frac{Q}{F\varkappa} + \frac{Q}{2 W c_w} + \frac{Q}{2 L C_{pL}} = \vartheta_1 - \tau_1.$$

$$Q = \frac{\vartheta_1 - \tau_1}{\frac{1}{F\varkappa} + \frac{1}{2 W c_w} + \frac{1}{2 L C_{pL}}} \quad \ldots\ldots\ldots \quad (4).$$

VI. Abschnitt.

Vorversuche.

Die Vorversuche wurden am Kühler I vorgenommen, weil er der einzige war, der die Messung des Verlaufes der Wassertemperaturen gestattete. Die Versuche erstreckten sich auf Bestimmung der Wassertemperatur am Eintritt und an den Meßstellen im Kühler, sowie auf die Messung der Luftein- und -austrittstemperaturen bei verschiedenen Wassermengen und Luftgeschwindigkeiten.

Die Anordnung der Meßstellen zeigt Fig. 24.

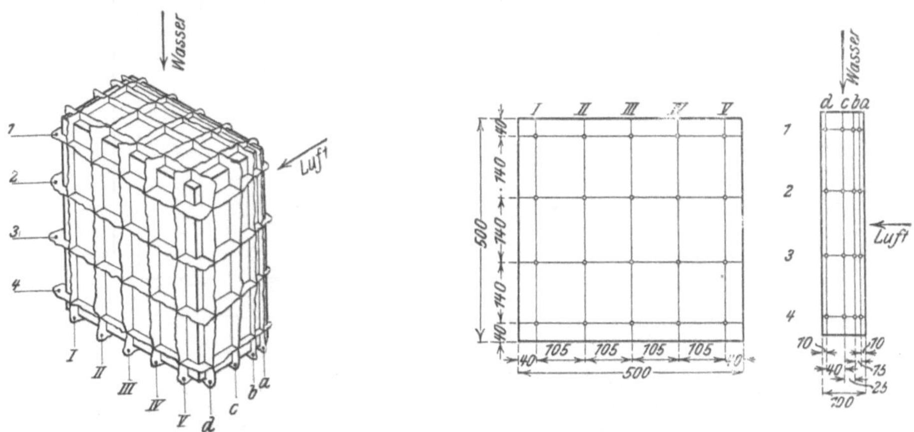

Fig. 24.

Es sind 20 Rohre vorn verschlossen; in Reihe III liegen vier Rohre, in denen für diesen Schnitt die Messung des Wassertemperaturverlaufes von oben nach unten und von vorn nach hinten vorgenommen wurde. Spätere Versuche stellten durch Benutzung der Reihen I bis V den Verlauf quer über den Kühler fest, jedoch nur in dem Querschnitt *c*, weil angenommen werden kann, daß der Verlauf in den Längsschnittebenen (I bis V) überall derselbe ist.

Der eigentümliche Temperaturverlauf in der Schnittebene *c*, s. Diagr. 4 bis 7, wurde zuerst zurückgeführt auf Störungen, die durch den Auslaufkasten hervorgerufen wären. Es zeigte sich nämlich, daß die Temperatur an den Seiten rascher sank als in der Mitte, wie wenn der kürzere Weg, den das aus der Mitte des Kühlers austretende Wasser im Auslaufkasten zurückzulegen hat, eine größere Strömgeschwindigkeit des Wassers hier hervorriefe und dadurch seine Abkühlung verringere. Verschiedene Versuche mit Einbauten in den Auslaufkasten, die dem von den Seiten kommenden Wasser den kürzesten Weg zum Ablauf sicherten, ergaben aber keine Aenderung dieses Verlaufes; es muß also angenommen werden, daß er in der Bauart des Kühlers selbst begründet ist.

Die Ausführung der Versuche war folgende:

Nach Einstellung der Luftgeschwindigkeit im freien Strahl wird das Anemometer entfernt und der Kühler eingefahren. Die Pumpe wird in Betrieb gesetzt, das Ventil des Ponceletgefäßes geöffnet, ebenso der Hahn des Heizgefäßes. Der Wasserumlauf ist damit eingeleitet. Nachdem im Ponceletgefäß der gewünschte Wasserstand mit Hülfe des Ueberlaufes eingestellt und der Schieber am unteren Kühlerkasten so einreguliert ist, daß die Standhöhe im Einlaufkasten sich hält, wird die Dampfleitung geöffnet und die Dampfmenge so lange mit Hülfe der Feineinstellungshähne verändert, bis die Temperatur am Kühlereinlauf in Beharrung kommt. Die Einstellung der Wasserstände muß dann meist etwas berichtigt werden. Die Lufttemperatur an der Düse läßt sich durch Oeffnen der Fenster und Ventilationsklappen des Saales recht genau festhalten. Nur bei sehr hohen Geschwindigkeiten

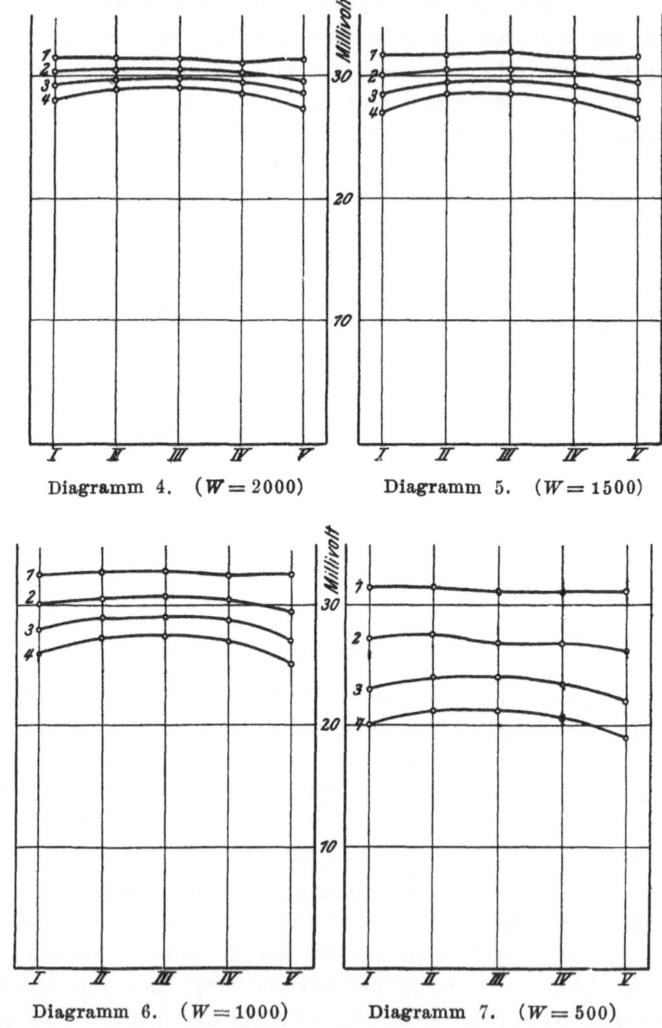

Diagramm 4. ($W = 2000$)

Diagramm 5. ($W = 1500$)

Diagramm 6. ($W = 1000$)

Diagramm 7. ($W = 500$)

ist wegen der großen dem Raum zugeführten Wärmemengen und auch wegen der Erhitzung der Luft im Ventilator ein langsames Steigen der Lufteintrittstemperatur nicht zu verhindern gewesen.

Die gesamten bei allen diesen Versuchen ermittelten Werte, die keinen weiteren Einfluß auf die Arbeit gehabt haben, hier zu geben, hätte keinen Zweck. Es sollen nur einige bemerkenswerte Beispiele in Form von Diagrammen wiedergegeben werden — zum Teil um den Verlauf der Temperaturen quer zum Kühler (Ebene *c*) zu zeigen, zum Teil um den Nachweis zu führen, daß der Verlauf von oben nach unten bei großen Wassermengen wirklich nahezu geradlinig ist. Die aufgetragenen Temperaturwerte sind Mittelwerte von drei bis vier Ablesungen.

Die Diagramme 4 bis 7 zeigen den Temperaturverlauf in der Ebene *c* für 2000, 1500, 1000 und 500 kg Wasser stündlich bei 14 m/sk Fahrgeschwindigkeit. Es haben sich auch bei allen andern Versuchen, die in dieser Richtung unternommen wurden, ähnliche Kurven ergeben, manchesmal mit einer Senkung in der Mitte, die wohl auf eine aus unbekannten Gründen sich ausbildende stationäre Strömung im Kühler zurückzuführen ist. Es sind hier statt der Temperaturen gleich die abgelesenen EMK-Werte aufgetragen. Sie geben das Bild der Temperaturverteilung ebenso gut wie die Temperaturwerte selbst, da zwischen den beiden beinahe vollkommene Proportionalität herrscht (vergl. Diagramm 2).

Die Diagramme 8 bis 11 stellen den Temperaturverlauf im Schnitt III dar; die zuerst aufgetragenen Kurven des Verlaufes in je einer wagerechten Geraden dieser Ebene (α) zeigen auch die Verteilung der Meßpunkte, die so gewählt wurde, daß mit nur vier Meßstellen der Charakter der Kurve möglichst genau festgelegt ist.

Bemerkenswert ist das Abfallen der Kurven (α) an dem in der Fahrtrichtung rückwärtigen Ende; die Erklärung dafür liegt wahrscheinlich in folgendem: Bei der hier stattfindenden »Kreuzströmung« ist eigentlich ein ziemlich gleichmäßiges Ansteigen der Wassertemperaturen von vorn nach rückwärts zu erwarten; denn die durch ein Rohr strömende Luft erhitzt sich allmählich und kann somit immer weniger Wärme aufnehmen. Dem entspricht auf der Luftseite ein gleichmäßiges Fallen der Temperatur von oben nach unten in einer Querschnittebene; an der letzten derselben (Luftaustritt) ist dieses Fallen auch beobachtet. Während aber hier die Mittelwerte der Wärmeübergangzahlen (von oben nach unten) überall gleich angenommen werden können, sind die Werte von vorn nach hinten sicher veränderlich wegen der Wirbel, die am Ein- und Ausgang der Rohre entstehen; dann aber entspricht an den Rohrwänden eine viel größere luftberührte Oberfläche einer kleineren wasserberührten, Fig. 25, was naturgemäß eine vermehrte Wasserabkühlung zur

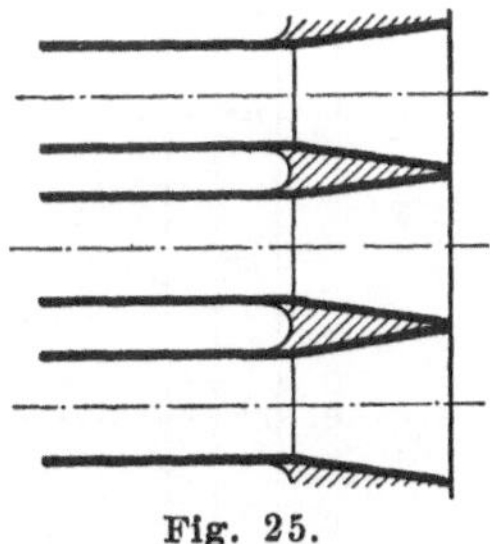

Fig. 25.

Folge hat, die sich von den Wänden ins Innere fortsetzt, durch Mischung des Wassers sowie durch Wärmeleitung in Wasser und Wand; schließlich ist auch noch eine Verringerung der Wassergeschwindigkeit an den Rändern sehr wahrscheinlich.

Normal zur Ebene III sind in den Diagrammen (α) vier Schnitte in gleichen Abständen voneinander gelegt gedacht, die aus jeder der Kurven vier Punkte ausschneiden; stellt man in den Diagrammen (β) diese Schnitte dar (die Kühlerhöhe ist jetzt Abszisse, die Länge Parameter), so erscheinen Kurven, die bei den Versuchen mit 2000 und 1500 kg/st Wasser von geraden Linien nicht mehr zu unterscheiden sind; erst bei 1000 kg/st ist eine kleine Abweichung an der ersten der Kurven zu sehen, bei 500 kg/st endlich sind die Abweichungen an allen vier Kurven vorhanden. Jedenfalls ist die gute Annäherung an den linearen Temperaturverlauf bei großen Wassermengen hierdurch bewiesen.

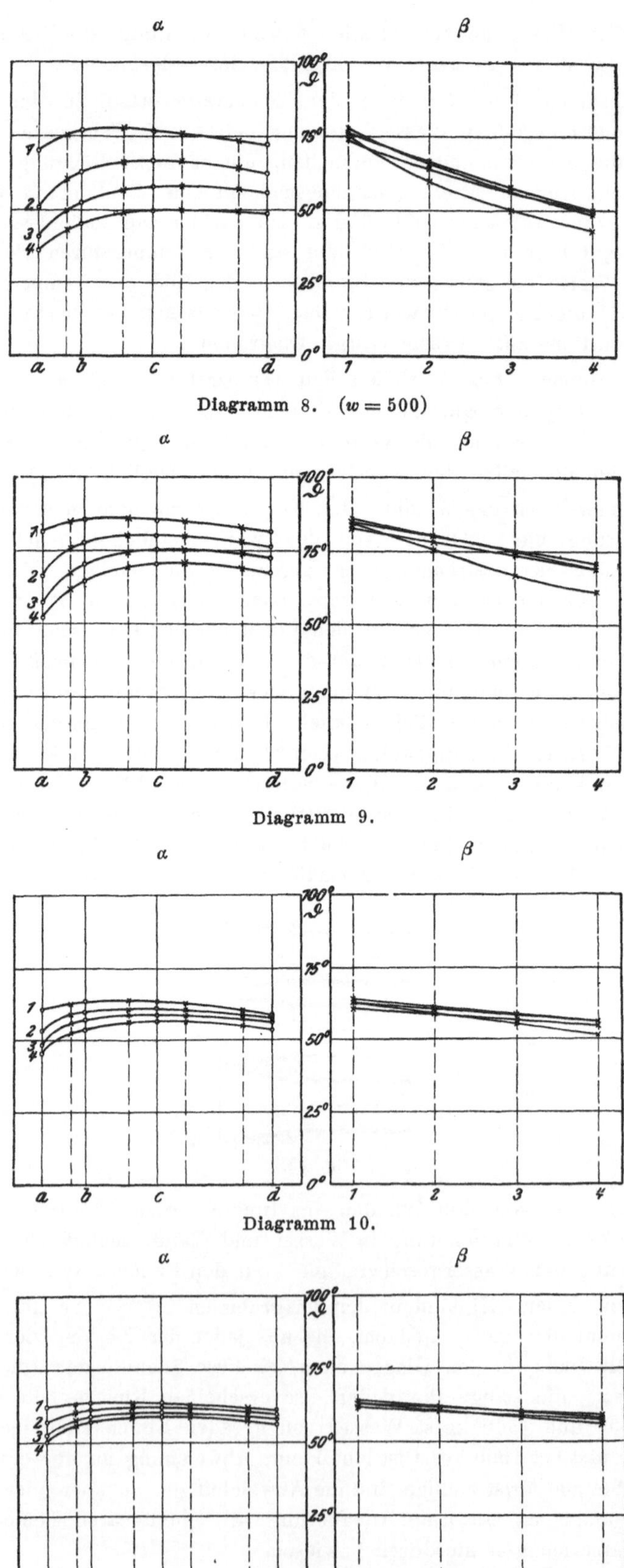

Diagramm 8. ($w = 500$)

Diagramm 9.

Diagramm 10.

Diagramm 11.

Es zeigt sich aber auch, daß die Kurven beinahe parallel sind, d. h. daß auf einer wagerechten Geraden der Ebene III die Differentialquotienten $\frac{\partial \vartheta}{\partial y}$ beinahe denselben Wert behalten. Daraus läßt sich ein wichtiger Schluß ziehen.

Bei der Ableitung des Berechnungsweges für $\varkappa$ waren zwei Gleichungen erschienen, die wegen unregelmäßiger Verhältnisse im ganzen nicht zu einer weiteren Entwicklung zu gebrauchen waren, die aber für eine und dieselbe Stelle Gültigkeit besitzen. Es waren dies die Gleichungen:

$$-dQ = \frac{W c_w}{l} dx \frac{\partial \vartheta}{\partial y} dy$$

und

$$dQ = \frac{L C_{pL}}{h} dy \frac{\partial \tau}{\partial x} dx.$$

Beide stellen die Wärmemenge dar, die an dem unendlich kleinen Flächenstück $dx dy$ übergeht; setzt man diese beiden gleich, so wird:

$$\frac{\partial \tau}{\partial x} = -\frac{W c_w}{L C_{pL}} \frac{h}{l} \frac{\partial \vartheta}{\partial y}, \quad \frac{\partial \tau}{\partial x} = \text{konst} \frac{\partial \vartheta}{\partial y};$$

das heißt: Ist die Parallelität der Verläufe der Wassertemperaturen von oben nach unten über den Längsschnitt des Kühlers vorhanden oder angenähert, so ist dadurch die vollkommene oder angenäherte Geradlinigkeit der Verläufe der Lufttemperaturen von vorn nach hinten bedingt.

Es kann also, da die Messungen Integrationsmittelwerte der Austrittstemperaturen ergeben, die Eintrittstemperaturen aber unveränderlich sind, da ferner die Zulässigkeit der Annahme geradliniger Temperaturverläufe im Wasser von oben nach unten, in der Luft von vorn nach hinten durch die Versuche für größere Wassermengen bewiesen ist, die Berechnung der mittleren Wasser- und Lufttemperaturen durch Bildung arithmetischer Mittelwerte zwischen den Eintritts- und mittleren Austrittstemperaturen vorgenommen werden. Für größere Wassermengen wird $\varkappa$ mit Hülfe dieses Mittelwertes berechnet; für kleinere wird $\varkappa$ gleich dem für größere angenommen.

VII. Abschnitt.

Hauptversuche.

Nachdem die Zulässigkeit der angenommenen Rechnungsgrundlagen durch die Vorversuche bewiesen war, konnte zu den Hauptversuchen an dem freistehenden Kühler geschritten werden. Er war dabei rückwärts mit einem ungefähr 150 mm langen Rahmen versehen, der zur Trennung der durch ihn hindurchgehenden von der neben ihm vorbeistreichenden Luft diente; die Trennung geschah, um sicher nur die durch den Kühler kommende Luft den Thermoelementen zuzuführen, Fig. 14.

Die Versuche selbst hatten den Zweck, die für die Abhängigkeit der übergehenden Wärmemenge gefundenen Formel:

$$Q = \frac{\vartheta_1 - \tau_1}{\frac{1}{F\varkappa} + \frac{1}{2W} + \frac{1}{2 L C_{pL}}} \quad \ldots\ldots\ldots \quad (4)$$

zu beweisen, anderseits die $\varkappa$-Werte (und zwar nur bei größeren Wassermengen entsprechend dem oben Gesagten) zu berechnen.

Außer dem bei den Vorversuchen Erwähnten ist über die Ausführung der Versuche hier folgendes zu bemerken:

Die Thermoelemente 2 bis 5 wurden für ihren eigentlichen Zweck hier nicht mehr gebraucht; sie werden darum zu Messungen der Luftaustrittstemperaturen an beliebigen Stellen verwendet; die eigentliche Messung der Luftaustrittstemperatur geschieht nur in einer senkrechten Geraden mitten hinter dem Kühler; es ist vorausgesetzt, daß in einer und derselben Wagerechten die Temperaturen annähernd gleich sind; die Zulässigkeit dieser Annahme haben die mit den Elementen 2 bis 5 gemachten Probemessungen auch stets erwiesen.

Aus der Formel (4) geht hervor, daß

$$Q = f(\vartheta_1 - \tau_1)$$

als gerade Linie erscheint; die Versuche am Kühler I haben diese Gesetzmäßigkeit so klar gezeigt, daß daraus eine neue Größe entwickelt werden konnte:

$$q = \frac{Q}{\vartheta_1 - \tau_1},$$

d. h. die Wärmemenge, die vom Kühler bei gegebener Wassermenge, Luftmenge, Kühlfläche und gegebenem Wärmedurchgangskoeffizienten für 1^0 Temperaturunterschied zwischen Wasser- und Lufteintritt übertragen wird. Diese Größe stellt unabhängig von den Temperaturen die »Wärmeübertragfähigkeit« des vorliegenden Betriebszustandes dar.

Die Nachprüfung der Geschwindigkeit der Luft ohne Kühler und hinter dem Kühler geschah nicht bei jedem Versuch. Die erstere läßt sich durch die Regelung der Dampfmaschine, die den Ventilator antreibt, so genau halten, daß alle Kontrollmessungen, die von Zeit zu Zeit gemacht wurden, sehr gut übereinstimmten; die Geschwindigkeit hinter dem Kühler ist beim Kühler I sehr gleichmäßig bis nahe an die Ränder des Austrittrahmens; sie wird hier auch gemessen und zur Berechnung der Versuche verwendet. Bei den beiden andern Kühlern treten eigentümliche Störungen auf, die die Messung der Austrittsgeschwindigkeit nicht genügend genau durchführen lassen. Es wird deshalb auf diese Messungen verzichtet und die Geschwindigkeit der Luft aus deren mittlerer Austrittstemperatur und der Wärmemenge berechnet. Die erwähnten Störungen sind auf die Konstruktion der Kühler zurückzuführen. Während bei Kühler I die vorne anstoßende Luft in die Rohre eintritt und darin bleiben muß, der Eintritt in alle Rohre aber unter dem Einfluß desselben Geschwindigkeitsdruckes vor sich geht, kann sich die Luft in den andern Kühlern noch verteilen; es setzt sich hier das seitliche Abfließen der vom Kühler abgelenkten Luft in ihn hinein fort; daraus ergibt sich eine Vergrößerung der Strömgeschwindigkeit hinterm Kühler nach den Rändern zu; besonders nach oben und unten ist dieses Anwachsen der Geschwindigkeit deutlich fühlbar, weil sich die Luft in dieser Richtung zwischen den Rohren besonders leicht verteilen kann.

Es hat sich gezeigt, daß bei Kühler I die Luftaustrittsgeschwindigkeit unabhängig war von der Temperatur, daß also das Gewicht der durchgehenden Luft größer ist, wenn sie weniger erhitzt wird.

Darum wird stets mit dem Luftvolumen bei Austrittstemperatur gerechnet, weil dieses für dieselbe Fahrgeschwindigkeit stets dasselbe bleibt.

Die Versuche wurden vorgenommen mit folgenden Fahrgeschwindigkeiten (Luftgeschwindigkeiten im freien Strahl):

v m/sk	2,5	5,0	9,0	13,0	17,0
V km/st	9,0	18,0	32,4	46,8	61,2.

Ursprünglich war geplant gewesen, die Fahrgeschwindigkeit bis auf 20 m/sk zu erhöhen; es stellte sich aber heraus, daß der Ventilator nicht imstande war, derartig große Luftmengen (26000 cbm/st) zu bewegen. Die vorhandenen Versuche genügen auch vollständig zum Erkennen der Gesetzmäßigkeiten.

Die Wassermengen wurden nach Bedarf eingestellt (zwischen 250 und 2000 kg/st).

Die Lufteintrittstemperatur wurde tunlichst auf 20° C gehalten; die Wassereintrittstemperaturen wurden nur bei den Versuchen mit Kühler I geändert; nachdem das Gesetz

$$Q = \text{konst}\,(\vartheta_1 - \tau_1)$$

an dem ersten Kühler bewiesen war, wurde bei allen späteren Versuchen die Wassertemperatur so hoch wie möglich gehalten, dadurch daß das Wasser im Heizgefäß stets bis zum Kochen erhitzt wurde. So ergab sich auch gute Beharrung der Temperaturen im ganzen Kreislauf, bequeme Einstellung und, da die übergehenden Wärmemengen stets möglichst hohe blieben, höchste prozentuale Genauigkeit der Ablesungen.

Jeder Versuch besteht aus 3 bis 6 Ablesungsreihen (meist 4); ihre Anzahl richtet sich nach der Güte des Beharrungszustandes, besonders desjenigen der Temperaturen. Die Ablesungen wurden im Abstande von fünf Minuten nach dem Klingelzeichen der elektrischen Uhrenanlage des Laboratoriums vorgenommen. Von diesen Ablesungen sind die mit der Konstanten des betreffenden Meßgerätes berichtigten Werte (bei den Luftaustrittstemperaturen gleich die Mittelwerte der vier Ablesungen) in die Zahlentafeln eingetragen.

Es wird abgelesen:

n_v die Umlaufzahl des Ventilators (durch Umrechnung aus der Angabe des Tachometers an der Dampfmaschine, welche von Zeit zu Zeit durch Messung mittels Handumlaufzählers an der Ventilatorwelle geprüft wurde),

v_f die Luftgeschwindigkeit im freien Strahl (Fahrgeschwindigkeit) in m/sk,

v_k die Luftgeschwindigkeit hinterm Kühler (nur bei Kühler I) in m/sk,

h_p der Wasserstand im Ponceletgefäß in mm,

ϑ_1 die Wassereinlauftemperatur in °C,

ϑ_{2m} die mittlere Wasserauslauftemperatur in °C,

τ_1 die Lufttemperatur vor dem Kühler in °C,

τ_{2m} die mittlere Luftaustrittstemperatur in °C,

$\vartheta_{2\varepsilon}$ die thermoelektrisch gemessene Wasserauslauftemperatur (sie wird aus der Angabe des Differenzthermoelementes (1) ermittelt, indem seine EMK von der der Temperatur ϑ_1 entsprechenden abgezogen und die der Differenz zugehörige Temperatur in Diagramm 3 abgegriffen wird. Stimmen ϑ_{2m} und $\vartheta_{2\varepsilon}$ nicht genau überein, so wird ϑ_{2m} als das genauer Ablesbare zur Berechnung verwendet).

Daraus wird berechnet:

A) beim Kühler I:

W die Wassermenge in kg/st (durch Abgreifen aus Diagramm 1),

$\Delta\vartheta$ die mittlere Wasserabkühlung:

$$\Delta\vartheta = \vartheta_1 - \vartheta_{2m},$$

$\Delta\tau$ die mittlere Lufterhitzung:

$$\Delta\tau = \tau_{2m} - \tau_1,$$

ϑ_m die mittlere Wassertemperatur:

$$\vartheta_m = \vartheta_1 - \frac{\varDelta \vartheta}{2}$$

(nur bei den Versuchen, die zur Bestimmung von $\varkappa$ verwendet werden),

τ_m die mittlere Lufttemperatur:

$$\tau_m = \tau_1 + \frac{\varDelta \tau}{2}$$

(auch nur bei diesen Versuchen),

$\varDelta t_m$ der mittlere Temperaturunterschied zwischen Wasser und Luft:

$$\varDelta t_m = \vartheta_m - \tau_m,$$

Q_w die aus dem Wasser bestimmte Wärmemenge in WE/st:

$$Q_w = W \varDelta \vartheta,$$

C_{p2} die spezifische Wärme der Luft pro Volumeinheit bei der Temperatur τ_{2m}:

$$C_{p2} = C_{p0} \frac{273}{273 + \tau_{2m}} = 0{,}307 \frac{273}{273 + \tau_{2m}}.$$

(Die Aenderung der Dichte und damit der spezifischen Wärme C_p mit dem Druck der Luft kann natürlich bei den hier vorkommenden kleinen Druckschwankungen vollkommen vernachlässigt werden.)

L die Menge der durch den Kühler streichenden Luft in cbm/sk bei der Temperatur τ_{2m}:

$$L = F_k \, v_k \, 3600.$$

Hierbei ist F_k der Querschnitt des Austrittsrahmens; da an den Rändern Verzögerungen mit Hülfe des übersetzten Manometers nachzuweisen waren, ist der Querschnitt nicht voll gerechnet, sondern an jedem Rand ein Streifen von 5 mm nicht von der Luft durchflossen gedacht. Das entspricht der Beobachtung, daß die Geschwindigkeit von der Wand her von 0 an wächst und erst in ungefähr 10 mm Abstand ihre volle Höhe erreicht, somit:

$$F_k = (500 - 2 \times 5)^2 = 240\,100 \text{ qmm} = 0{,}240 \text{ qm},$$

Q_L die aus der Luft berechnete Wärmemenge in WE/st:

$$Q_L = L \, C_{p2} \, \varDelta \tau,$$

v_r die Luftgeschwindigkeit in den Rohren in m/sk:

$$v_r = \frac{v_k}{\lambda}$$

(über λ siehe Beschreibung der Kühler).

$$\frac{Q_L - Q_w}{Q_w} \, 100$$

stellt in vH von Q_w den Fehler dar, der bei der Bestimmung der Wärmemenge aus der Luft gemacht ist — die geringen Abweichungen, die sich ergeben, bestätigen zugleich die Richtigkeit der Anemometer-Eichungsangaben der Firma Fuess.

q die oben entwickelte Größe:

$$q = \frac{Q_w}{\vartheta_1 - \tau_1},$$

$\varkappa$ der Wärmedurchgangskoeffizient:

$$\varkappa = \frac{Q_w}{F \Delta t_m}$$

(er wird nur für Wassermengen von 750 kg aufwärts bestimmt).

B) bei den Kühlern II und III:

Der Rechnungsgang ist im ganzen derselbe wie beim Kühler I mit der Ausnahme, daß die Luftgeschwindigkeit hinterm Kühler (v_k) hier berechnet wird, weil ihre Messung nach dem früher Gesagten nicht genau durchzuführen war. Hierbei wird angenommen, daß auch die Ränder des Austrittrahmens mit durchströmt werden; es wird also der Mittelwert der Geschwindigkeit für den ganzen Austrittquerschnitt bestimmt.

Wieder gilt:

$$Q = L\, C_{p2}\, \Delta\tau$$

$$C_{p2} = C_{p0} \frac{273}{273 + \tau_{2m}}$$

$$L = v_k\, F_k\, 3600,$$

daraus v_k berechnet:

$$v_k = \frac{L}{F_k\, 3600} = \frac{Q}{C_{p2}\, \Delta\tau\, F_k\, 3600} = \frac{Q\,(273 + \tau_{2m})}{C_{p0}\, 273\, \Delta\tau\; 0{,}25 \cdot 3600}$$

$$v_k = \frac{Q\,(273 + \tau_{2m})}{\Delta\tau}\, 0{,}00001325$$

und v_r:

$$v_r = \frac{v_k}{\lambda}.$$

Auch hier sieht man aus den Zahlentafeln, daß die v_k-Werte für eine und dieselbe Fahrgeschwindigkeit stets dieselben sind.

Die Berechnung der $\varkappa$-Werte erfolgt hier ebenfalls nur bei den höheren Wassermengen.

Die Ablesungsmittelwerte sowie die Rechnungswerte sind in den Zahlentafeln 2, 3 und 4 für die Kühler I, II und III enthalten. Von den in der Rubrik »Versuchsdaten« stehenden Zahlen bedeutet:

die erste die Kühlernummer,
die zweite die Fahrgeschwindigkeit,
die dritte die Wassermenge,
die vierte die Wassereintrittstemperatur.

Im Diagramm 12a ist für Kühler I $q = f(W)$ mit v_f als Parameter dargestellt; in 12b die Fläche $q = f(W, v_f)$ in schräger Projektion aufgezeichnet, und zwar so, daß die Kurven $q = f(v_f)$ in ihrer wahren Gestalt erscheinen; in 13 sind $\varkappa$, v_k und v_r über v_f aufgetragen.

Für den Kühler II entsprechend in den Diagrammen 14a und 14b sowie 15; für den Kühler III in 16a, 16b und 17.

Zahlentafel 2. Kühler I.

Versuchsnummer	Versuchsdaten	Umlaufzahl des Ventilators n_v	Dmr. der Poncelet-Gefäßmündung Φ_p mm	Wasserstand im Poncelet-Gefäß h_p mm	Wassereinlauftemperatur ϑ_1 °C	Wasserauslauftemperatur ϑ_{2m} °C	elektr. gemessene Wasserauslauftemperatur $\vartheta_{2\varepsilon}$ °C	Wassermenge W kg/st	Fahrgeschwindigkeit v_f m/sk	Geschwindigkeit hinter dem Kühler v_k m/sk	Geschwindigkeit im Kühler v_r m/sk	Luftmenge bei Temperatur τ_{2m} L m³/st	Lufteintrittstemperatur τ_1 °C	Luftaustrittstemperatur τ_{2m} °C	spez. Wärme der Luft für 1 cbm bei der Temp. τ_2 C_{p2} WE/m³	Wasserabkühlung $\Delta\vartheta$ °C	Lufterwärmung $\Delta\tau$ °C	mittlere Wassertemperatur ϑ_m °C	mittlere Lufttemperatur τ_m °C	Unterschied der mittleren Temperaturen Δt_m °C	Unterschied der Eintrittstemperaturen $\vartheta_1-\tau_1$ °C	gesamte Wärmemenge für 1 st (Wasser) Q_W WE/st	gesamte Wärmemenge für 1 st (Luft) Q_L WE/st	prozentuale Ungenauigkeit der Luftmessung $\frac{Q_L-Q_W}{Q_W}\cdot 100$	Wärmedurchgangskoeffizient $\varkappa$	auf 1° Temperaturunterschied $(\vartheta_1-\tau_1)$ übergehende Wärmemenge q WE/st
37a	I, 13, 500, 50	935	6,70	850,3	50,5	32,6	32,2	494	13,0	7,6	12,1	6580	19,1	23,8	0,282	17,9	4,7	—	—	—	31,4	8 850	8 730	−1,4	—	282
37b	I, 13, 500, 60	935	6,70	849,2	62,5	38,3	38,3	493,5	13,0	7,6	12,1	6580	19,8	26,0	0,280	24,2	6,2	—	—	—	42,7	11 940	11 400	−4,5	—	280
37c	I, 13, 500, 70	935	6,70	846,4	71,0	42,3	42,6	491	13,0	7,6	12,1	6580	20,8	28,1	0,279	28,7	7,3	—	—	—	50,2	14 100	13 400	−5,0	—	281
37d	I, 13, 500, 80	937	6,70	841,6	79,4	45,6	45,7	487,5	13,0	7,6	12,1	6580	20,7	29,6	0,277	33,8	8,9	—	—	—	58,7	16 470	16 200	−1,6	—	281
37e	I, 13, 500, 90	937	6,70	850,0	90,2	49,5	49,6	491	13,0	7,6	12,1	6580	20,0	30,2	0,277	40,7	10,2	—	—	—	70,2	20 000	16 600	−7,0	—	285
37f	I, 13, 400, 85	935	6,70	528,0	85,4	42,3	42,6	386	13,0	7,6	12,1	6580	20,5	28,9	0,278	43,0	8,4	—	—	—	64,9	16 600	15 400	−7,2	—	256
37g	I, 13, 300, 85	935	6,70	322,2	82,4	34,5	34,4	300	13,0	7,6	12,1	6580	18,7	26,4	0,282	47,9	7,7	—	—	—	63,7	14 370	14 300	−0,5	—	225
38	I, 13, 750, 85	940	11,47	241,3	88,1	59,8	60,0	750	13,0	7,6	12,1	6580	19,8	31,3	0,275	28,3	11,5	74,0	25,6	48,9	68,3	21 200	20 800	−1,9	47,3	311
39	I, 13, 750, 60	930	11,47	247,5	63,7	45,7	46,2	768	13,0	7,6	12,1	6580	20,0	27,5	0,278	18,0	7,5	54,7	23,7	31,0	43,7	13 830	13 700	−0,9	48,1	316
40	I, 13, 750, 80	935	11,47	246,5	80,5	55,9	55,9	762	13,0	7,6	12,1	6580	20,2	30,6	0,275	24,6	10,4	68,2	25,4	43,8	60,3	18 750	18 800	+0,3	46,2	311
41	I, 9, 750, 60	635	11,47	240,3	61,3	47,6	47,8	756	9,0	5,0	7,9	4315	20,1	28,9	0,278	13,7	8,8	54,5	24,5	30,0	41,2	10 370	10 580	+2,0	37,3	252
42	I, 9, 750, 80	635	11,47	240,3	83,4	62,2	62,2	753	9,0	5,0	7,9	4315	19,3	32,7	0,274	21,2	13,4	72,8	26,0	46,8	64,1	15 970	15 850	−0,8	36,8	249
43	I, 9, 750, 90	635	11,47	239,0	90,8	67,5	67,4	749,5	9,0	5,0	7,9	4315	20,0	35,3	0,272	23,3	15,3	79,2	27,7	51,5	70,8	17 470	17 980	+2,9	36,8	247
44	I, 9, 1000, 90	635	11,47	418,4	91,3	72,9	72,9	995	9,0	5,0	7,9	4315	20,0	35,2	0,272	18,4	15,2	82,1	27,6	54,5	71,3	18 320	17 870	−2,5	36,4	257
45	I, 9, 1000, 70	635	11,47	420,5	71,6	58,1	58,1	1007	9,0	5,0	7,9	4315	19,9	31,0	0,276	13,5	11,1	64,9	25,5	39,4	51,7	13 600	13 200	−2,9	37,2	263
46	I, 9, 1000, 40	635	11,47	421,4	42,5	36,5	36,4	1012	9,0	5,0	7,9	4315	19,3	24,2	0,282	6,0	4,9	39,5	21,7	17,8	23,2	6 065	5 970	- 1,5	36,8	261
47	I, 9, 2000, 50	635	15,02	550,4	50,8	46,3	46,4	2000	9,0	5,0	7,9	4315	19,4	26,6	0,279	4,5	7,2	48,6	23,0	25,6	31,4	9 000	8 670	−3,8	37,9	286
48	I, 9, 2000, 70	635	15,02	553,0	72,2	65,2	65,4	2000	9,0	5,0	7,9	4315	19,7	31,6	0,275	7,5	11,9	68,9	25,7	43,2	52,5	15 000	14 100	−6,0	37,4	287
49	I, 9, 2000, 90	635	15,02	554,2	93,6	83,1	83,7	1990	9,0	5,0	7,9	4315	19,9	37,1	0,270	10,5	17,2	88,4	28,5	59,9	73,7	20 900	20 100	−3,8	37,6	284
50	I, 9, 1500, 90	635	15,02	313,2	92,8	79,6	79,6	1491	9,0	5,0	7,9	4315	20,0	36,4	0,271	13,2	16,4	86,2	28,2	58,0	72,8	19 700	19 200	−2,5	36,6	270
51	I, 9, 1500, 70	635	15,02	313,5	71,6	62,2	62,2	1500	9,0	5,0	7,9	4315	19,9	31,3	0,276	9,4	11,4	66,9	25,6	41,3	51,7	14 100	13 600	−3,5	36,8	272
52	I, 9, 400, 60	635	6,70	563,0	63,2	39,5	39,7	400	9,0	5,0	7,9	4315	19,8	26,9	0,279	23,7	7,1	—	—	—	43,4	9 480	8 550	−9,8	—	217
53	I, 9, 400, 90	635	6,70	571,1	88,2	51,1	51,2	399,5	9,0	5,0	7,9	4315	20,2	31,9	0,275	37,1	11,7	—	—	—	68,0	14 780	13 000	−6,0	—	217
54	I, 9, 250, 90	635	6,70	227,2	84,8	38,6	38,4	250	9,0	5,0	7,9	4315	19,3	28,7	0,278	46,2	9,4	—	—	—	65,5	11 560	11 300	−2,2	—	176

55	I, 5, 2000, 60	346	15,02	552,0	63,6	59,1	59,9	2000	5,0	2,6	4,1	2245	20,0	34,0	0,273	4,5	14,0	61,4	27,0	34,4	43,6	9 000	8 580	—4,7	28,2	206
56	I, 5, 2000, 95	346	15,02	559,6	94,0	86,9	87,2	2000	5,0	2,6	4,1	2245	20,1	45,2	0,264	7,7	25,1	90,5	32,7	57,8	73,9	14 200	14 900	+4,9	26,5	192
57	I, 5, 1500, 90	348	15,02	316,0	91,5	82,6	82,8	1500	5,0	2,6	4,1	2245	19,8	43,6	0,265	8,9	23,8	87,1	31,7	55,4	71,7	13 350	14 150	+6,0	26,0	186
58	I, 5, 2000, 95	348	15,02	559,1	94,3	87,2	87,0	2000	5,0	2,6	4,1	2245	19,5	44,9	0,264	7,1	25,4	90,8	32,2	58,6	74,8	14 200	15 000	+5,6	26,2	190
58a	I, 5, 1500, 70	348	15,02	312,0	67,1	61,2	61,3	1500	5,0	2,6	4,1	2245	20,1	35,2	0,272	5,9	15,1	64,2	27,6	36,6	47,1	8 850	9 210	+4,0	26,1	188
59	I, 5, 1000, 90	348	11,47	415,0	91,4	78,1	78,3	995	5,0	2,6	4,1	2245	19,7	43,1	9,265	13,3	23,4	84,8	31,4	53,4	71,7	13 250	13 940	+5,2	26,8	185
60	I, 5, 1000, 60	348	11,47	415,2	65,3	56,7	56,9	1000	5,0	2,6	4,1	2245	19,4	34,1	0,273	8,6	14,7	61,0	26,8	34,2	45,9	8 600	9 000	+4,6	27,1	187
61	I, 5, 750, 55	346	11,47	237,0	55,1	46,9	47,0	752	5,0	2,6	4,1	2245	20,3	30,9	0,276	8,2	10,6	51,0	25,6	25,4	34,8	6 160	6 570	+6,7	26,1	177
62	I, 5, 750, 90	346	11,47	241,5	92,0	75,1	75,0	749	5,0	2,6	4,1	2245	19,5	41,9	0,266	16,9	22,4	83,6	30,7	52,9	72,5	12 690	13 390	+5,5	25,9	175
63	I, 5, 400, 65	346	6,70	570,0	64,7	46,8	47,0	402	5,0	2,6	4,1	2245	20,1	32,2	0,275	17,9	12,1	—	—	—	44,6	7 160	7 460	+4,2	—	161
64	I, 5, 400, 90	346	6,70	573,7	89,4	60,9	61,2	401	5,0	2,6	4,1	2245	19,5	38,6	0,269	28,5	19,1	—	—	—	69,9	11 430	11 550	+1,0	—	163
65	I, 5, 250, 90	346	6,70	225,2	86,9	48,9	49,0	250	5,0	2,6	4,1	2245	20,5	36,7	0,270	38,0	16,2	—	—	—	66,4	9 500	9 800	+3,2	—	143
66	I, 17, 2000, 50	1200	15,02	552,2	50,0	43,0	42,6	2002	17,0	10,2	16,2	8720	19,9	25,6	0,280	7,0	5,7	46,5	22,8	23,7	30,1	14 000	13 900	—0,7	63,6	465
67	I, 17, 2000, 90	1200	15,02	557,0	92,5	77,5	—	1918	17,0	10,2	16,2	8720	21,0	34,7	0,272	15,0	13,7	85,0	27,8	57,2	71,5	30 000	32 500	+8,4	56,6	420
68	I. 17, 1500, 90	1200	15,02	317,5	91,1	71,7	—	1500	17,0	10,2	16,2	8720	21,5	34,2	0,273	14,4	12,7	81,4	27,8	53,6	69,6	29 100	30 200	+3,8	58,5	418
69	I, 17, 1000, 60	1200	11,47	416,0	58,9	43,7	43,0	1002	17,0	10,2	16,2	8720	20,5	26,5	0,279	15,2	6,0	51,3	23,5	27,8	38,4	15 240	14 600	—4,2	59,1	397
70	I, 17, 1000, 90	1200	11,47	420,0	89,9	62,1	61,9	1000	17,0	10,2	16,2	8720	19,7	30,8	0,276	27,8	11,1	76,0	25,2	50,8	70,2	27 800	26 700	—4,0	59,0	396
71	I, 17, 700, 90	1200	11,47	210,0	89,8	54,4	54,6	703	17,0	10,2	16,2	8720	20,2	30,6	0,276	35,4	10,4	—	—	—	69,6	24 900	25 000	+0,4	—	358
72	I, 17, 700, 50	1200	11,47	210,0	51,3	35,1	35,2	709	17,0	10,2	16,2	8720	19,3	24,0	0,282	16,2	4,7	—	—	—	32,0	11 500	11 540	+0,3	—	359
73	I, 17, 400, 90	1200	6,70	573,0	87,3	40,3	40,5	400	17,0	10,2	16,2	8720	21,9	29,3	0,278	47,0	7,4	—	—	—	65,4	18 800	18 200	—3,2	—	287
74	I, 17, 2000, 90	1200	15,02	559,1	92,1	75,9	75,9	2000	17,0	10,2	16,2	8720	19,3	32,9	0,274	16,2	13,6	84,0	26,1	57,9	72,8	32 400	32 600	+0,6	60,4	445
75	I, 17, 1500, 90	1200	15,02	317,0	91,7	71,8	72,0	1500	17,0	10,2	16,2	8720	21,5	34,0	0,273	19,9	12,5	81,7	27,8	53,9	70,2	29 800	29 800	—	59,7	425
76	I, 2,5, 1500, 60	250	15,02	317,2	60,3	56,7	—	1500	2,5	1,21	—	950	20,0	38,5	0,269	3,6	18,5	58,5	29,2	29,3	40,3	5 400	—	—	19,9	134
77	I, 2,5, 700, 90	250	11,47	211,0	93,3	81,3	—	705	2,5	1,06	—	950	20,2	55,0	0,255	12,0	34,8	—	—	—	73,1	8 460	—	—	—	116
78	I, 2,5, 250, 90	250	6,70	228,0	88,2	60,4	—	250	2,5	1,08	—	950	20,3	47,7	0,261	27,8	27,4	—	—	—	67,9	6 950	—	—	—	102
79	I, 2,5, 2000, 90	250	15,02	559,0	95,5	90,7	—	2000	2,5	1,12	—	950	20,4	57,9	0,253	4,8	37,5	93,1	39,1	54,0	75,1	9 600	—	—	19,1	128
80	I, 2,5, 1500, 90	250	15,02	316,2	95,1	88,9	—	1497	2,5	1,09	—	950	20,2	57,3	0,254	6,2	37,1	92,0	38,7	53,3	74,9	9 770	—	—	18,8	124
81	I, 9, 1500, 90	633	15,02	317,0	91,7	78,5	78,8	1500	9,0	5,0	7,9	4315	19,9	37,1	0,270	13,2	17,2	85,1	28,5	56,6	71,8	19 800	20 000	+1,0	37,7	276
82	I, 13, 2000, 90	935	15,02	558,0	91,8	78,8	78,9	2000	13,0	7,6	12,1	6580	19,9	34,9	0,272	13,0	15,0	85,3	27,4	57,9	71,9	26 000	26 800	+3,1	48,5	362
83	I, 13, 1500, 90	935	15,02	317,0	92,5	75,4	75,7	1500	13,0	7,6	12,1	6580	20,2	34,8	0,272	17,1	14,6	84,9	27,3	57,6	72,3	25 600	26 200	+2,3	50,0	354
84	I, 13, 1000, 90	935	11,47	420,0	91,7	67,7	67,9	1000	13,0	7,6	12,1	6580	19,6	33,2	0,274	24,0	13,6	79,7	26,4	53,3	72,1	24 000	24 500	+2,1	48,6	332
176	I, 9, 2000, 90	635	15,02	601,6	93,6	83,8	83,8	2070	9,0	5,0	7,9	4315	21,3	39,3	0,269	9,8	18,0	88,8	30,3	58,5	72,3	20 300	20 850	+2,7	37,4	281
177	I, 13, 2000, 90	935	15,02	599,0	93,1	81,3	81,3	2070	13,0	7,6	12,1	6580	25,4	39,3	0,269	11,8	13,9	87,2	32,4	54,8	67,7	24 600	24 600	0	48,5	364
178	I, 17, 2000, 90	1200	15,02	599,0	93,8	79,9	80,3	2070	17,0	10,2	16,2	8720	29,6	41,5	0,265	13,9	11,9	86,9	35,6	51,3	64,2	28 800	27 450	—4,5	60,5	449

Bemerkungen.

Bei den Versuchen 66 bis 69 war eine Lötstelle des Thermoelementes zerrissen, daher die falschen Angaben. Versuche 81 bis 84 und 176 bis 178 sind Kontrollversuche.

Zahlentafel 3. Kühler II.

Versuchsnummer	Versuchsdaten	Umlaufzahl des Ventilators n_v	Dmr. der Poncelet-Gefäßmündung Φ_p mm	Wasserstand im Poncelet-Gefäß h_p mm	Wassereinlauf-temperatur ϑ_1 °C	Wasserauslauf-temperatur ϑ_{2m} °C	elektr. gemessene Wasser-auslauftemperatur $\vartheta_{2\varepsilon}$ °C	Wassermenge W kg/st	Lufteintrittstemperatur τ_1 °C	mittlere Luftaustritts-temperatur τ_{2m} °C	Fahrgeschwindigkeit v_f m/sk	Wasserabkühlung $\Delta\vartheta$ °C	Lufterwärmung $\Delta\tau$ °C	mittlere Wasser-temperatur ϑ_m °C	mittlere Lufttemperatur τ_m °C	Unterschied der Eintritts-temperaturen $\vartheta_1-\tau_1$	Unterschied der mittleren Temperaturen Δt_m	gesamte Wärmemenge Q WE/st	Geschwindigkeit hinter dem Kühler v_k m/sk	Geschwindigkeit im Kühler v_r m/sk	auf 1° Temperaturunterschied $(\vartheta_1-\tau_1)$ übergehende Wärmemenge q WE/st	Wärmedurchgangs-koeffizient $\varkappa$
189	II, 9, 2000, 90	640	15,02	559,2	93,5	82,9	82,8	2000	19,3	42,4	9,0	10,6	23,1	88,2	30,9	74,2	57,3	21 200	3,83	8,92	286	54,7
190	II, 9, 1200, 90	635	11,47	597,0	93,4	76,3	76,5	1200	19,6	41,5	9,0	17,0	21,9	84,9	30,6	73,8	54,3	20 400	3,89	9,08	276	55,5
191	II, 9, 400, 90	635	6,70	572,0	88,4	50,4	50,5	400	19,9	35,9	9,0	38,0	16,0	—	—	68,5	—	15 200	3,89	9,08	222	—
192	II, 5, 400, 90	353	6,70	572,0	90,3	64,2	64,0	400	19,3	40,3	5,0	26,1	21,0	—	—	71,0	—	10 430	2,05	4,78	147	—
193	II, 5, 1200, 90	353	11,47	597,5	94,6	84,4	84,4	1200	20,3	45,7	5,0	10,2	25,4	89,6	33,0	74,3	56,5	12 240	2,03	4,73	165	32,0
194	II, 5, 2000, 90	353	15,02	559,0	94,6	88,6	88,4	2000	20,7	46,5	5,0	6,0	25,8	91,6	33,6	73,9	58,0	12 000	2,03	4,73	162	32,2
195	II, 13, 2000, 90	930	15,02	559,0	92,6	79,6	79,4	2000	25,4	45,7	13,0	13,0	20,3	86,1	35,6	67,2	50,5	26 000	5,42	12,60	397	76,1
196	II, 2,5, 2000, 90	250	15,02	559,0	94,4	90,7	—	2000	19,1	60,5	2,5	3,7	41,4	92,6	39,8	75,4	52,8	7 400	0,90	2,10	98	20,7
197	II, 2,5, 1200, 90	250	11,47	596,0	94,8	88,2	88,3	1200	19,9	59,9	2,5	6,6	40,0	91,5	39,9	74,9	51,6	7 920	0,98	2,28	105	22,6
198	II, 0, 1200, 90	0	11,47	597,2	95,6	95,0	—	1200	19,1	—	0	0,6	—	—	—	76,5	—	720	—	—	9	—
199	II, 0, 400, 90	0	6,70	572,0	92,4	90,4	—	400	19,0	—	0	2,0	—	—	—	73,4	—	800	—	—	11	—
200	II, 2,5, 400, 90	250	6,70	572,0	91,6	74,0	74,3	400	20,2	53,9	2,5	17,6	33,7	—	—	71,4	—	7 040	0,90	2,10	98,6	—
201	II, 13, 400, 90	930	6,70	572,0	87,7	44,8	44,8	400	24,0	36,9	13,0	42,9	12,9	—	—	63,7	—	17 160	5,47	12,75	269	—
202	II, 17, 400, 90	1200	6,70	572,0	86,9	42,5	42,5	400	27,0	37,9	17,0	44,4	10,9	—	—	59,9	—	17 760	6,70	15,60	296	—
203	II, 13, 1200, 90	930	11,47	597,0	92,5	70,0	69,8	1200	19,2	40,0	13,0	22,5	20,8	81,3	29,6	73,3	51,7	27 000	5,38	12,55	368	77,7
204	II, 17, 1200, 90	1200	11,47	597,0	91,0	66,4	66,2	1200	22,9	40,8	17,0	24,6	17,9	78,7	31,9	68,1	46,8	29 500	6,86	16,00	433	93,2
205	II, 2,5, 1200, 90	250	11,47	597,0	94,8	88,0	88,2	1200	18,2	58,6	2,5	6,8	40,4	91,4	38,4	76,6	53,0	8 150	0,89	2,07	107	22,7
206	II, 17, 2000, 90	1200	15,02	559,3	91,7	76,1	76,3	2000	25,0	44,0	17,0	15,6	19,0	83,9	34,5	66,7	49,4	31 200	6,90	16,10	468	93,5
207	II, 17, 250, 90	1200	6,70	228,0	81,5	32,1	31,9	250	25,4	32,7	17,0	49,4	7,3	—	—	56,1	—	12 350	6,85	16,00	220	—
208	II, 2,5, 250, 90	250	6,70	228,0	87,9	63,7	63,8	250	21,3	49,8	2,5	24,2	28,5	—	—	66,6	—	6 050	0,91	2,11	91	—

Zahlentafel 4. Kühler III.

Versuchsnummer	Versuchsdaten	Umlaufzahl des Ventilators n_v	Dmr. der Poncelet-Gefäßmündung Φ_p mm	Wasserstand im Poncelet-Gefäß h_p mm	Wassereinlauftemperatur ϑ_1 °C	Wasserauslauftemperatur ϑ_{2m} °C	elektr. gemessene Wasserauslauftemperatur $\vartheta_{2\varepsilon}$ °C	Wassermenge W kg/st	Lufteintrittstemperatur τ_1 °C	mittlere Luftaustrittstemperatur τ_{2m} °C	Fahrgeschwindigkeit v_f m/sk	Wasserabkühlung $\Delta\vartheta$ °C	Lufterwärmung $\Delta\tau$ °C	mittlere Wassertemperatur ϑ_m °C	mittlere Lufttemperatur τ_m °C	Unterschied der Eintrittstemperaturen $\vartheta_1-\tau_1$	Unterschied der mittleren Temperaturen Δt_m	gesamte Wärmemenge Q WE/st	Geschwindigkeit hinter dem Kühler v_k m/sk	Geschwindigkeit im Kühler v_r m/sk	auf 1° Temperaturunterschied $(\vartheta_1-\tau_1)$ übergehende Wärmemenge q WE/st	Wärmedurchgangskoeffizient $\varkappa$
273	III, 5, 2000, 90	353	15,02	559,0	83,1	76,7	—	2000	22,2	47,3	5,0	6,4	25,1	78,9	34,8	60,9	44,1	12 800	1,99	4,63	210	42,0
274	III, 9, 2000, 90	635	15,02	559,0	92,8	81,3	80,9	2000	23,9	53,3	9,0	11,5	29,4	87,1	38,6	68,9	48,5	23 000	3,38	7,84	332	68,7
275	III, 9, 1200, 90	635	11,47	597,0	92,5	74,3	74,9	1200	24,4	51,7	9,0	18,2	27,3	83,4	38,1	68,1	45,3	21 840	3,43	8,00	321	69,8
276	III, 9, 400, 90	635	6,70	572,0	88,3	48,9	49,2	400	24,5	43,4	9,0	39,4	18,8	—	—	63,8	—	15 760	3,52	8,18	247	—
277	III, 5, 1200, 90	353	11,47	597,0	92,9	80,4	80,2	1200	19,0	51,2	5,0	12,5	32,2	86,8	35,1	73,9	51,7	15 000	2,00	4,66	203	42,0
278	III, 2,5, 1200, 90	250	11,47	597,0	91,9	87,9	87,9	1200	20,0	57,6	2,5	7,0	37,6	91,4	38,8	74,9	52,6	8 400	0,98	2,28	112	23,1
279	III, 2,5, 400, 90	250	6,70	572,0	90,8	72,2	72,1	392	20,6	52,1	2,5	18,6	31,5	—	—	70,2	—	7 300	0,99	2,30	104	—
280	III, 5, 400, 90	353	6,70	572,0	89,8	60,7	61,0	400	22,1	47,2	5,0	29,1	25,1	—	—	67,7	—	11 640	1,97	4,59	172	—
281	III, 13, 400, 90	930	6,70	572,0	87,1	42,5	42,7	400	25,5	41,6	13,0	44,6	16,1	—	—	61,6	—	17 840	4,61	10,75	289	—
282	III, 17, 400, 90	1200	6,70	572,0	85,5	40,9	41,0	400	28,9	41,1	17,0	44,6	12,2	—	—	56,6	—	17 840	6,09	14,20	315	—
283	III, 13, 2000, 90	930	15,02	559,0	92,5	78,5	78,0	2000	28,2	53,8	13,0	14,0	25,6	85,5	41,0	64,3	44,5	28 000	4,73	11,00	435	91,3
284	III, 17, 2000, 90	1200	15,02	559,0	91,8	76,0	75,7	2000	30,9	53,3	17,0	15,8	22,6	83,9	42,2	60,9	41,7	31 600	6,04	14,08	536	110,0
285	III, 2,5, 2000, 90	250	15,02	559,0	95,3	91,5	91,4	2000	25,7	61,4	2,5	3,8	35,7	93,4	43,6	69,6	49,8	7 600	0,95	2,21	109	22,1
286	III, 17, 1200, 90	1200	11,47	597,0	91,1	65,7	65,4	1200	27,1	46,0	17,0	25,4	18,9	78,4	36,6	64,0	41,8	30 500	6,08	14,17	476	106,0
287	III, 13, 1200, 90	930	11,47	597,0	90,7	68,8	68,2	1200	26,1	49,9	13,0	21,9	23,8	79,8	38,0	64,6	41,8	26 280	4,71	11,00	407	87,7
288	III, 5, 2000, 90	353	15,02	559,0	94,6	87,4	87,0	2000	23,8	55,5	5,0	7,2	31,7	91,0	39,7	70,8	51,3	14 400	1,96	4,56	203	40,7

Bemerkung zu Versuchsnummer 279: Wasserstand im Kühler um 8 kg/st gestiegen.

Diagramm 12.

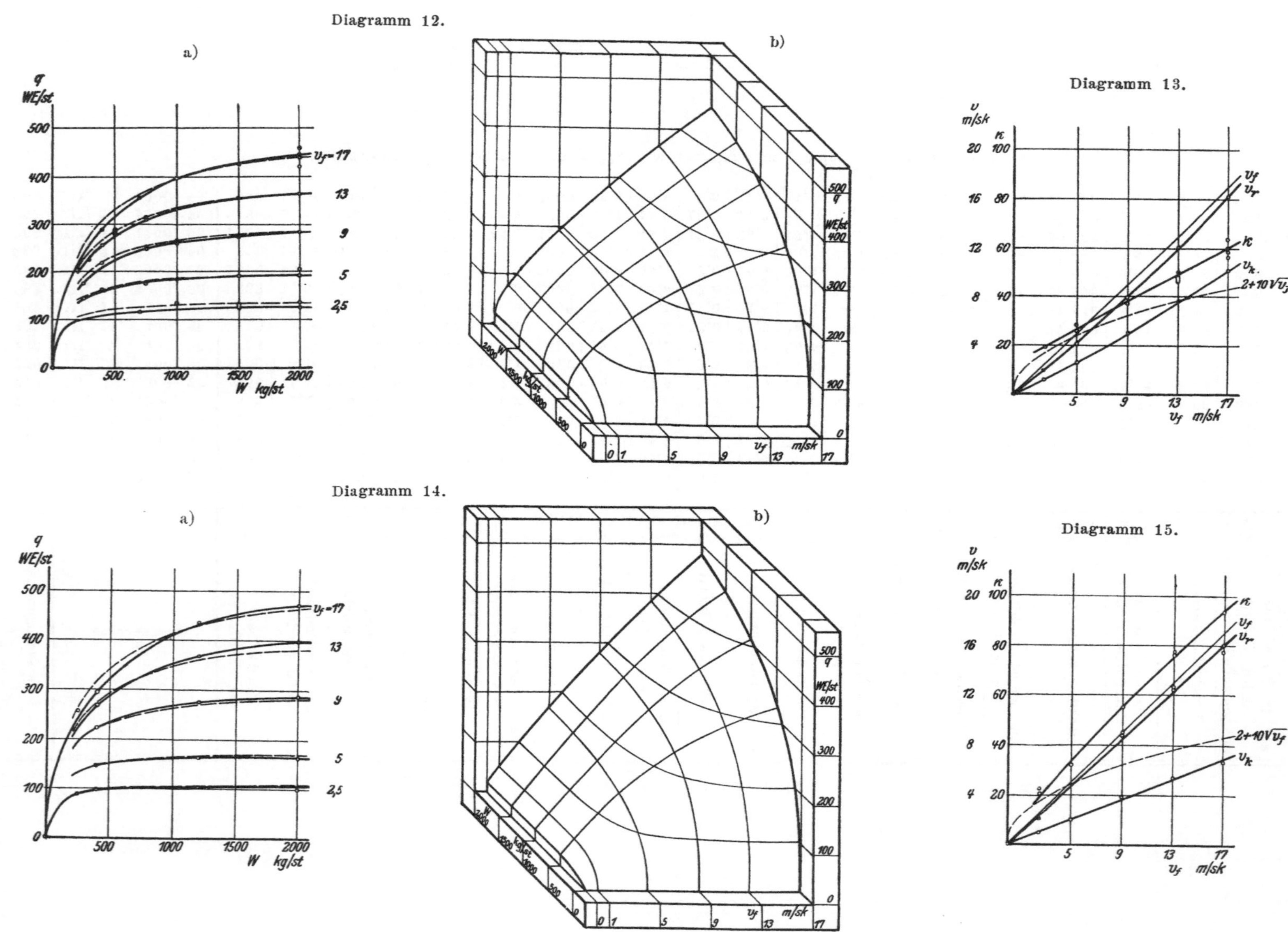

Diagramm 13.

Diagramm 14.

Diagramm 15.

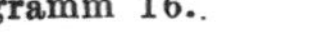

Diagramm 16.

a)

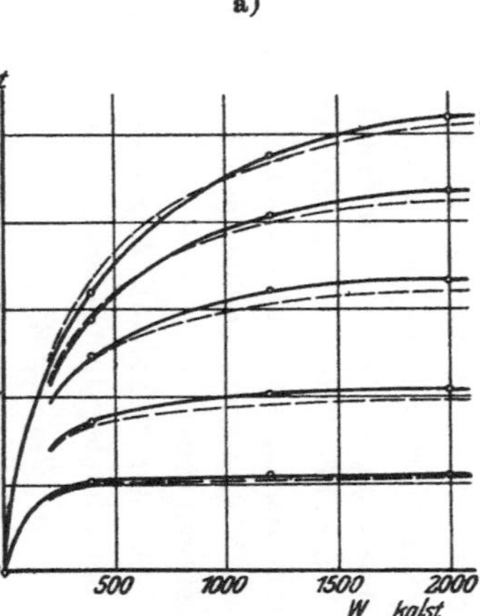

b)

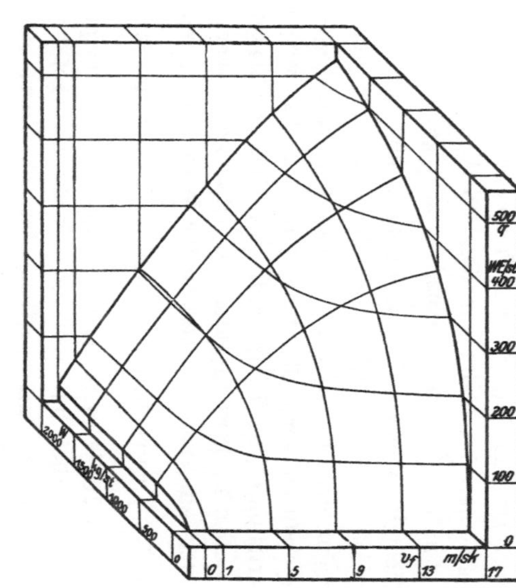

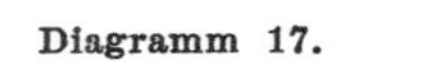

Diagramm 17.

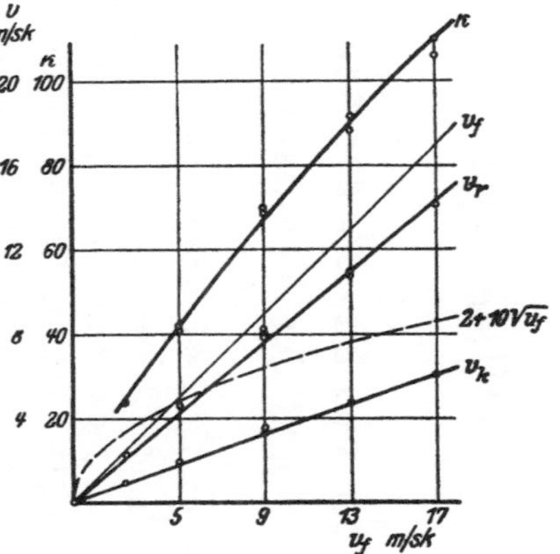

VIII. Abschnitt.

Versuche über den Einfluß der Aufstellungsweise und des Ventilators.

Der Grundgedanke bei der Ausführung dieser Versuche ist der folgende:

Geht bei einer bestimmten Betriebsweise (Ventilatorumlaufzahl usw.) ebensoviel Wärme durch wie bei freier Aufstellung im Luftstrom bei einer bestimmten Fahrgeschwindigkeit, dann herrscht im Innern des Kühlers in beiden Fällen dieselbe Luftgeschwindigkeit, wenn die übrigen Verhältnisse dieselben sind; es kann dann die bei der gegebenen Anordnung erzielte Kühlwirkung, deren Charakteristikum der erreichte Wert q ist, noch anschaulicher als durch q dargestellt werden durch Angabe der ideellen Fahrgeschwindigkeit $v_f{}^*$, der Fahrgeschwindigkeit nämlich, bei welcher der frei aufgestellte Kühler unter sonst gleichen Umständen denselben Wert für q ergibt. Da der Einfluß der Temperaturen durch die Bildung des q-Wertes von selbst eliminiert ist, bleibt von den sonstigen Umständen nur die Wassermenge übrig. Sie wurde bei allen Versuchen gleich gehalten (2000 kg stündlich).

Die Richtigkeit dieses Gedankenganges läßt sich beweisen. Es stimmen nämlich die $\varkappa$-Werte, die über $v_f{}^*$ abgegriffen sind ($\varkappa^*$), überein mit den aus den Versuchen berechneten. Es sind hier weder die Austrittsgeschwindigkeiten, noch die Austrittstemperaturen der Luft genau genug meßbar wegen der vollständig ungleichmäßigen Verteilung von Temperatur und Geschwindigkeit, welche durch die verschiedenen Zubauten hervorgerufen ist. Man kann aber, da zu der ideellen Fahrgeschwindigkeit ein eindeutig bestimmter Wert von v_k gehört, diesen letzteren aus dem bei den Hauptversuchen aufgestellten Diagramm der $\frac{v_k}{v_f}$ ermitteln ($v_k{}^*$).

Mit dessen Hülfe wird eine mittlere Austrittstemperatur τ_{2m} berechnet. Da diese Versuche sämtlich mit 2000 kg/st Wasser ausgeführt sind, ist die Berechnung der mittleren Wasser- und Lufttemperaturen durch Bildung der arithmetischen Mittelwerte zulässig. Es läßt sich also auch auf diesem Wege ein $\varkappa$-Wert berechnen. Aus den Zahlentafeln ist die gute Uebereinstimmung dieser beiden auf verschiedenen Wegen gewonnenen Werte zu sehen.

Die praktische Ausführung dieser Versuche unterschied sich von der der Hauptversuche nur dadurch, daß hier die thermoelektrischen Messungen wegfallen, daß hingegen die Ablesung der Umlaufzahl des kleinen Ventilators (n_{vz}) hinzukommt — sie wurde ausgeführt an dem auf Fig. 20 sichtbaren Tachometer und kontrolliert durch Tourenzählung an der Ventilatorwelle.

Bei den hier vorkommenden Versuchen mit der Fahrgeschwindigkeit 0 wird die Luft nicht mehr dem Beruhigungsgefäß entnommen; die Temperatur τ_1 wird darum hier nicht an dem Thermometer neben der Düse, sondern an einem neben dem Kühler aufgehängten gemessen.

Der Rechnungsgang ist der folgende: Abgelesen oder aus der Ablesung unmittelbar mit Hülfe der betreffenden Instrumentkonstanten bestimmt ist:

$$\vartheta_1,\ \vartheta_{2m},\ h_p,\ W,\ n_v,\ v_f,\ n_{vz},\ \tau_1,$$

wobei die Bezeichnungen dieselben sind wie bei den Hauptversuchen; die aus den Diagrammen abgegriffenen ($v_f{}^*$ entsprechenden Werte) sind mit * bezeichnet.

$$\varDelta\vartheta = \vartheta_1 - \vartheta_{2m}$$
$$\vartheta_m = \vartheta_1 - \frac{\varDelta\vartheta}{2}$$
$$Q_w = W\varDelta\vartheta$$
$$q = \frac{Q_w}{\vartheta_1 - \tau_1}.$$

Aus dem $\frac{q}{v_f}$-Diagramm der Hauptversuche wird der dem q zugehörige Wert von v_f^*, aus den $\frac{v_k}{v_f}$ und $\frac{v_r}{v_f}$-Diagrammen die Werte von v_k^* und v_r^* für das betreffende v_f^* ermittelt. Dann kann τ_{2m} berechnet werden:

$$Q_L = Q_w = L\,C_{p2}\,\varDelta\tau$$
$$L = F_k\,v_k^*\,3600$$
$$Q_w = F_k\,v_k^*\,3600\,C_{p2}\,\varDelta\tau$$
$$C_{p2} = C_{p0}\,\frac{273}{273 + \tau_{2m}}$$
$$Q_w\,(273 + \tau_{2m}) = F_k\,v_k^*\,3600\,C_{p0}\,273\,(\tau_{2m} - \tau_1)$$
$$Q_w\,(273 + \tau_{2m}) = (273 + \tau_{2m})\,F_k\,v_k^*\,3600\,C_{p0}\,273 - (273 + \tau_1)\,F_k\,v_k^*\,3600\,C_{p0}\,273$$
$$\tau_{2m} = \frac{F_k\,v_k^*\,3600\cdot 273\,C_{p0}}{F_k\,v_k^*\,3600\cdot 273\,C_{p0} - Q_w} - 273.$$

Für F_k ist einzusetzen:

Bei Kühler I:

$$F_k = 0{,}240 \text{ qm},$$

denn hier wurde v_k für den randwirkungsfreien Querschnitt gemessen. Damit wird:

$$\tau_{2m} = \frac{72\,400\,v_k^*}{72\,400\,v_k^* - Q_w} - 273.$$

Bei Kühler II und III hingegen wurde v_k für den ganzen Querschnitt berechnet. Damit wird:

$$F_k = 0{,}250 \text{ qm},$$
$$\tau_{2m} = \frac{75\,400\,v_k^*}{75\,400\,v_k^* - Q_w} - 273.$$

Dann wird weiter ähnlich wie bei den Hauptversuchen bestimmt:

$$\varDelta\tau = \tau_{2m} - \tau_1$$
$$\tau_m = \tau_1 + \frac{\varDelta\tau}{2}$$
$$\varDelta t_m = \vartheta_m - \tau_m$$
$$\varkappa = \frac{Q_w}{F\varDelta t_m}.$$

Dieser $\varkappa$-Wert muß mit dem aus dem $\frac{\varkappa}{v_f}$-Diagramm ermittelten k^*-Wert übereinstimmen. Die Versuche sind in den Zahlentafeln 5, 6 und 7 für die einzelnen Kühler zusammengestellt. Die Zahlen in der Spalte »Versuchsdaten« in den Zahlentafeln bedeuten:

die erste die Nummer des Kühlers,
die zweite die Fahrgeschwindigkeit,
die dritte (Buchstabe) die Aufstellungsweise, (siehe Fig. 21)
die vierte die Umlaufzahl des Ventilators hinter dem Kühler.

Zur Auftragung in den Diagrammen 18 und 19 gelangen von diesen Versuchen die ermittelten v_f^*-Werte, aus denen sehr übersichtlich eine Anschauung über die Einflüsse der verschiedenen Faktoren sich ergibt.

Zahlentafel 5. Kühler I.

Versuchsnummer	Versuchsdaten	Umlaufzahl des Ventilators n_v	Umlaufzahl d. Ventilators hinter dem Kühler n_{vz}	Fahrgeschwindigkeit v_f m/sk	Dmr. der Mündung des Poncelet-Gefäßes Φ_p mm	Wasserstand im Poncelet-Gefäß h_p mm	Wassereinlauf-temperatur ϑ_1 °C	Wasserauslauf-temperatur ϑ_{2m} °C	Lufteintrittstemperatur τ_1 °C	Wassermenge W kg/st	Wasserabkühlung $\Delta\vartheta$ °C	$\vartheta_1 - \tau_1$ °C	gesamte Wärmemenge Q WE/st	$\frac{Q}{\vartheta_1 - \tau_1} = q$ WE/st	ideelle Fahr-geschwindigkeit v_f^* m/sk	Geschwindigkeit hinter dem Kühler v_k^* m/sk	Geschwindigkeit im Kühler v_r^* m/sk	mittlere Luftaustritts-temperatur τ_{2m} °C	Lufterwärmung $\Delta\tau$ °C	mittlere Wasser-temperatur ϑ_m °C	mittlere Lufttemperatur τ_m °C	mittlerer Temperatur-unterschied Δt_m °C	Wärmedurchgangskoeffi-zient (gerechnet) $\varkappa$	Wärmedurchgangs-Koeff. (über v_f^* abgegriffen) $\varkappa^*$
86	I, 0, C, 1000	0	1000	0	15,02	556,3	95,6	89,0	20,0	1990	6,6	75,6	13 130	169	4,15	2,10	3,34	48,0	28,0	92,3	34,0	58,3	24,2	24,0
87	I, 0, C, 1200	0	1200	0	15,02	560,0	94,7	87,5	19,8	2000	7,2	74,9	14 400	192	5,05	2,60	4,13	44,0	24,2	91,1	31,9	59,2	26,3	26,6
88	I, 0, C, 1400	0	1400	0	15,02	560,2	94,7	86,6	19,3	2000	8,1	75,4	16 200	215	6,00	3,16	5,04	41,7	22,9	90,7	30,5	60,2	29,0	29,0
89	I, 0, C, 1600	0	1600	0	15,02	559,0	93,0	84,4	19,7	2000	8,6	73,3	17 200	235	6,85	3,65	5,81	40,2	20,5	88,7	30,0	58,7	31,4	31,5
90	I, 0, C, 1800	0	1800	0	15,02	559,0	94,4	84,9	18,5	2000	9,5	75,9	19 000	250	7,50	4,00	6,37	38,7	20,2	89,7	28,6	61,1	33,5	33,5
91	I, 0, C, 2000	0	2000	0	15,02	558,4	92,1	82,3	18,5	2000	9,8	73,6	19 600	266	8,20	4,47	7,12	37,3	18,8	87,2	27,9	59,3	35,6	35,3
92	I, 0, C, 1600	0	1600	0	15,02	560,6	91,9	83,0	17,6	2000	8,9	74,3	17 800	239	7,05	3,78	6,02	37,7	20,1	87,5	27,7	59,8	32,1	32,0
94	I, 9, C, 1600	630	1600	9,0	15,02	560,3	93,8	82,4	20,2	2000	11,4	73,6	22 800	310	10,25	5,80	9,24	37,0	16,8	88,1	28,6	59,5	41,3	41,0
95	I, 13, C, 1600	930	1600	13,0	15,02	560,3	91,7	78,9	21,0	2000	12,8	70,7	25 600	362	12,80	7,46	11,87	35,8	14,8	85,3	28,4	56,9	48,5	48,1
96	I, 17, C, 1600	1200	1600	17,0	15,02	560,0	91,6	77,1	21,6	2000	14,5	70,0	29 000	415	15,48	9,20	14,66	35,0	13,4	84,3	28,3	56,0	55,9	55,6
97	I, 5, C, 1600	353	1600	5,0	15,02	560,0	91,9	82,5	21,3	2000	9,4	70,6	18 800	266	8,20	4,47	7,12	39,5	18,2	87,2	30,4	56,8	35,7	35,3
98	I, 5, C, 0	353	0	5,0	15,02	558,3	94,8	88,1	21,2	2000	6,7	73,6	13 400	182	4,65	2,36	3,73	46,2	25,0	91,4	33,7	57,7	25,1	25,5
99	I, 9, C, 0	630	0	9,0	15,02	560,0	94,2	84,9	20,1	2000	9,3	74,1	18 600	251	7,55	4,07	6,44	39,5	19,4	89,6	29,8	59,8	33,6	33,6
100	I, 13, C, 0	930	0	13,0	15,02	560,2	93,1	81,5	20,6	2000	11,6	72,5	23 200	320	10,75	6,14	9,70	36,4	15,8	87,3	28,5	58,8	42,6	42,5
101	I, 17, C, 0	1200	0	17,0	15,02	560,0	91,8	78,9	23,0	2000	12,9	68,8	25 800	375	13,43	7,90	12,55	37,2	14,2	85,4	30,1	55,3	50,3	50,0
102	I, 2,5, C, 0	250	0	2,5	15,02	560,0	95,1	91,1	21,0	2000	4,0	74,1	8 000	108	1,97	0,85	1,43	65,0	44,0	93,1	43,0	50,1	17,3	17,6
103	I, 5, C, 0	353	0	5,0	15,02	559,9	92,2	86,0	20,8	2000	6,2	71,4	12 400	174	4,35	2,20	3,45	45,2	24,4	89,1	33,0	56,1	23,8	24,5
104	I, 5, C, 1000	353	1002	5,0	15,02	559,0	94,2	86,2	22,5	2000	8,0	71,7	16 000	223	6,40	3,40	5,35	43,0	20,5	90,2	32,8	57,4	30,1	30,4
105	I, 9, C, 1000	630	1000	9,0	15,02	560,0	93,3	83,3	20,7	2000	10,0	72,6	20 000	276	8,65	4,75	7,55	39,0	18,3	88,3	29,9	58,4	37,0	36,5
106	I, 13, C, 1000	930	1000	13,0	15,02	560,0	93,0	81,3	23,5	2000	11,7	69,5	23 400	337	11,57	6,65	10,55	38,7	15,2	87,1	31,1	56,0	45,1	44,7
107	I, 17, C, 1000	1200	1002	17,0	15,02	560,0	91,6	77,6	20,3	2000	14,0	71,3	28 000	393	14,35	8,45	13,50	33,5	13,2	84,6	26,9	57,7	52,3	52,5
108	I, 17, C, 2000	1200	2020	17,0	15,02	560,0	90,4	75,7	22,6	2000	14,7	67,8	29 400	433	16,50	9,90	15,70	35,0	12,4	83,0	28,8	54,2	58,5	58,5
109	I, 9, C, 1800	630	1800	9,0	15,02	560,0	92,6	81,2	21,4	2000	11,4	71,2	22 800	320	10,75	6,14	9,70	37,6	16,2	87,9	29,5	58,4	42,1	42,5
110	I, 0, C, 500	0	505	0	15,02	560,0	90,4	85,5	23,1	2000	4,9	67,3	9 800	146	3,28	1,57	2,53	51,0	27,9	87,9	37,1	50,8	20,8	21,6
111	I, 0, A, 0	0	0	0	15,02	560,0	96,3	95,8	18,3	2000	0,5	78,3	1 000	13	0	—	—	—	—	—	—	—	—	—
112	I, 5, A, 0	353	0	5,0	15,02	560,0	94,8	88,6	20,1	2000	6,2	74,7	12 400	166	4,03	2,00	3,20	47,3	27,2	91,7	33,7	58,0	23,1	23,7
113	I, 9, A, 0	630	0	9,0	15,02	560,0	93,9	85,1	22,4	2000	8,8	71,5	17 600	246	7,37	3,95	6,25	41,6	19,2	89,5	32,0	57,5	33,0	33,0
114	I, 13, A, 0	930	0	13,0	15,02	560,0	92,6	81,4	22,1	2000	11,2	70,5	22 400	318	10,65	6,10	9,60	38,1	16,0	87,0	30,1	56,9	42,5	42,3
115	I, 2,5, A, 0	250	0	2,5	15,02	560,0	95,3	91,1	20,8	2000	4,2	74,5	8 300	111	1,70	0,73	1,23	75,8	55,0	93,2	48,3	44,9	20,0	17,0
116	I, 0, A, 200	0	200	0	15,02	560,0	94,8	92,6	20,6	2000	2,2	74,2	4 400	59	0,70	0,30	0,50	95,4	74,8	93,7	58,0	35,7	13,3	—
117	I, 0, A, 600	0	620	0	15,02	560,0	95,8	91,4	20,5	2000	4,4	75,3	8 800	117	2,25	1,00	1,65	61,1	40,6	93,6	40,8	52,8	18,5	18,0
118	I, 0, A, 1000	0	1040	0	15,02	560,0	94,1	87,5	21,1	2000	6,6	73,0	13 200	181	4,65	2,37	3,75	45,5	24,4	90,8	33,3	57,5	24,8	25,5

119	I, 0, F	0	—	0	15,02	556,5	95,5	95,0	19,6	2000	0,5	75,9	1 000	13	—	—	—	—	—	—	—	—	—	—
120	I, 0, A, 1400	0	1400	0	15,02	560,0	93,1	85,8	20,1	2000	7,3	73,0	14 600	200	5,40	2,80	4,40	42,7	22,6	89,4	31,4	58,0	27,2	27,5
121	I, 0, A, 1000	0	1000	0	15,02	560,0	94,5	88,5	19,1	2000	6,0	75,4	12 000	159	3,80	1,86	3,00	47,5	28,4	91,5	33,3	58,2	22,2	23,0
122	I, 0, A, 1800	0	1800	0	15,02	559,0	93,5	85,0	19,8	2000	8,5	73,7	17 000	231	6,70	3,55	5,60	40,4	20,6	89,7	30,1	59,6	30,8	31,1
123	I, 13, A, 1800	930	1800	13,0	15,02	560,0	92,8	80,8	23,0	2000	12,0	69,8	24 000	344	11,90	6,87	10,92	38,0	15,0	86,8	30,5	56,3	46,0	45,7
124	I, 13, A, 1200	930	1200	13,0	15,02	560,0	91,7	80,3	21,9	2000	11,4	69,8	22 800	327	11,04	6,31	10,00	37,7	15,8	86,0	29,8	56,2	43,8	43,4
125	I, 13, A, 600	930	600	13,0	15,02	560,0	92,3	81,3	22,6	2000	11,0	69,7	22 000	316	10,57	6,02	9,52	38,4	15,8	86,8	30,5	56,3	42,1	42,0
126	I, 9, A, 1800	635	1800	9,0	15,02	559,7	93,2	82,4	22,3	2000	10,8	70,9	21 600	305	10,00	5,65	8,93	39,0	16,7	87,8	30,7	57,1	40,7	40,4
127	I, 9, A, 1200	635	1200	9,0	15,02	559,7	94,2	84,6	23,0	2000	9,6	71,2	19 200	270	8,40	4,60	7,25	42,0	19,0	89,4	32,5	56,9	36,4	35,8
128	I, 9, A, 600	635	600	9,0	15,02	559,8	93,0	84,1	20,6	2000	8,9	72,4	17 800	246	7,30	3,92	6,17	40,0	19,4	88,5	30,3	58,2	33,0	33,0
129	I, 5, A, 1800	353	1800	5,0	15,02	560,0	92,7	82,9	19,8	2000	9,8	72,9	19 600	269	8,36	4,55	7,20	38,6	18,8	87,8	29,2	58,6	36,1	35,6
130	I, 5, A, 600	353	600	5,0	15,02	559,0	93,7	86,7	19,9	2000	7,0	73,8	14 000	190	4,96	2,55	4,00	43,9	24,0	90,2	31,9	58,3	25,9	26,5
131	I, 0, C, 600	0	600	0	15,02	559,0	95,5	90,8	20,5	2000	4,7	75,0	9 400	125	2,50	1,13	1,86	58,7	38,2	93,2	39,6	53,6	19,0	19,2
132	I, 5, E	353	—	5,0	15,02	559,2	92,5	85,7	19,5	2000	6,8	73,0	13 600	186	4,83	2,48	3,90	43,1	23,6	89,1	31,3	57,8	25,4	26,0
133	I, 9, E	635	—	9,0	15,02	560,0	93,2	83,6	20,5	2000	9,6	72,7	19 200	264	8,10	4,42	7,00	39,0	18,5	88,4	29,8	58,6	35,4	35,1
134	I, 13, E	930	—	13,0	15,02	560,0	93,5	81,6	22,4	2000	11,9	71,1	23 800	335	11,45	6,60	10,44	38,0	15,6	87,6	30,2	57,4	44,7	44,5
135	I, 13, D	930	—	13,0	15,02	558,1	94,2	82,1	18,6	2000	12,1	75,6	24 200	320	10,75	6,14	9,70	35,2	16,6	88,2	26,9	61,3	42,5	42,5
136	I, 5, D	353	—	5,0	15,02	559,7	94,7	88,0	18,5	2000	6,7	76,2	13 400	176	4,43	2,23	3,55	46,3	27,8	91,3	32,4	58,9	24,6	24,8
137	I, 5, B, 0	353	0	5,0	15,02	559,0	95,0	89,0	18,3	2000	6,0	76,7	12 000	156	3,70	1,80	2,90	47,5	29,2	92,0	32,9	59,1	21,9	22,7
138	I, 5, B, 600	353	600	5,0	15,02	559,1	93,5	86,4	18,4	2000	7,1	75,1	14 200	189	4,95	2,53	3,98	42,8	24,4	90,0	30,6	59,4	25,8	26,3
139	I, 5, B, 1200	353	1200	5,0	15,02	560,0	94,3	85,3	19,2	2000	9,0	75,1	18 000	240	7,08	3,78	5,96	39,6	20,4	89,8	29,4	60,4	32,2	32,2
140	I, 9, B, 0	630	0	9,0	15,02	560,0	95,0	86,5	19,6	2000	8,5	75,4	17 000	226	6,45	3,40	5,40	41,6	22,0	90,8	30,6	60,2	30,5	30,5
141	I, 13, B, 0	930	0	13,0	15,02	560,0	94,2	83,5	19,6	2000	10,7	74,6	21 400	287	9,20	5,12	8,08	37,6	18,0	88,9	28,6	60,3	38,3	38,0
142	I, 13, B, 650	930	650	13,0	15,02	560,0	93,8	82,8	20,0	2000	11,0	73,8	22 000	298	9,73	5,45	8,65	37,4	17,4	88,3	28,7	59,6	39,3	39,5
143	I, 13, B, 1000	930	1000	13,0	15,02	560,0	93,1	81,7	20,2	2000	11,4	72,9	22 800	313	10,42	5,90	9,36	36,8	16,6	87,4	28,5	58,9	41,8	41,5
144	I, 13, B, 1500	930	1500	13,0	15,02	559,5	92,5	80,6	20,7	2000	11,6	71,8	23 200	323	10,90	6,22	9,85	36,7	16,0	86,4	28,7	57,7	43,4	42,8
145	I, 9, B, 1500	630	1500	9,0	15,02	559,5	94,6	83,6	20,4	2000	11,0	74,2	22 000	296	9,65	5,40	8,55	37,8	17,4	89,1	29,1	60,0	39,6	39,4
146	I, 9, B, 1200	630	1200	9,0	15,02	560,0	92,8	82,9	20,2	2000	9,9	72,6	19 800	273	8,52	4,68	7,40	38,4	18,2	87,9	29,3	58,6	36,4	36,2
147	I, 9, B, 700	630	700	9,0	15,02	560,0	93,5	84,3	20,7	2000	9,2	72,8	18 400	253	7,63	4,12	6,50	40,0	19,3	88,9	30,4	58,5	33,9	33,7
148	I, 0, B, 600	0	600	0	15,02	560,0	94,7	89,1	17,4	2000	5,6	77,3	11 200	145	3,25	1,55	2,50	49,4	32,0	91,9	33,4	58,5	20,7	21,5
149	I, 0. B, 1000	0	1000	0	15,02	559,1	91,7	84,9	21,1	2000	6,8	70,6	13 600	193	5,10	2,63	4,13	44,1	23,0	88,3	32,6	55,7	26,4	26,7
150	I, 0, B, 1200	0	1250	0	15,02	560,0	93,3	85,4	21,1	2000	7,9	72,2	15 800	219	6,16	3,25	5,10	42,5	21,4	89,0	31,8	57,2	29,8	29,6
151	I, 0, B, 1500	0	1500	0	15,02	559,3	93,0	84,0	22,5	2000	9,0	70,5	18 000	255	7,75	4,20	6,62	41,1	18,6	88,5	31,8	56,7	34,2	34,0
152	I, 5, B, 1500	353	1500	5,0	15,02	560,2	94,4	84,9	21,4	2000	9,5	73,0	19 000	260	7,95	4,32	6,82	40,6	19,2	89,7	31,0	58,7	34,9	34,6
153	I, 0, B, 250	0	250	0	15,02	559,5	95,2	92,3	19,3	2000	2,9	75,9	5 800	76	1,06	0,44	0,75	84,5	65,2	93,8	51,9	41,9	15,0	—
154	I, 5, B, 1500	353	1500	5,0	15,02	560,0	94,5	84,7	19,4	2000	9,8	75,1	19 600	261	7,95	4,32	6,82	38,6	19,2	89,6	29,0	60,6	34,9	34,6
155	I, 5, B, 1200	353	1200	5,0	15,02	560,0	94,9	86,1	20,8	2000	8,8	74,1	17 600	237	6,95	3,70	5,85	41,0	20,2	90,5	30,9	59,6	31,8	31,8
156	I, 25, B, 1500	250	1500	2,5	15,02	560,2	93,6	84,4	21,5	2000	9,2	72,1	18 400	255	7,70	4,15	6,55	41,3	19,8	89,0	31,4	57,6	34,4	34,0
301	I, 0, H, 1000	0	1000	0	15,02	559,0	93,4	86,7	19,6	2000	6,7	73,8	13 400	182	4,65	2,25	3,72	46,0	26,4	90,1	32,8	57,3	25,5	25,3
302	I, 0, H, 1500	0	1500	0	15,02	559,0	90,9	82,9	20,1	2000	8,0	70,8	18 000	226	6,47	3,42	5,40	40,3	20,2	86,9	30,2	56,7	30,5	30,5
303	I, 5, H, 1000	353	1000	5,0	15,02	559,0	90,7	83,0	20,7	2000	7,7	70,0	15 400	220	6,20	3,27	5,15	41,1	20,4	86,9	30,9	56,0	29,7	29,7
304	I, 5, H, 1500	353	1500	5,0	15,02	559,0	90,2	81,3	20,9	2000	8,9	69,3	17 800	257	7,80	4,22	6,66	39,0	18,1	85,8	30,0	55,8	34,2	34,4
305	I, 9, H, 0	630	0	9,0	15,02	559,0	89,2	80,8	22,5	2000	8,4	66,7	16 800	252	7,60	4,10	6,45	40,1	17,6	85,0	31,3	53,7	33,7	33,7
306	I, 9, H, 1500	630	1500	9,0	15,02	559,0	89,0	79,1	22,8	2000	9,9	66,2	19 800	299	9,76	5,50	8,65	38,4	15,6	84,1	30,6	53,5	39,6	39,9
307	I, 0, H, 500	0	500	0	15,02	559,0	91,4	87,3	19,2	2000	4,1	72,2	8 200	114	2,15	0,95	1,60	58,8	39,6	89,4	39,0	50,4	17,2	17,6
308	I, 13, H, 0	930	0	13,0	15,02	559,0	89,6	79,0	23,6	2000	10,6	66,0	21 200	321	10.82	6,18	9,86	38,4	14,8	84,3	31,0	53,3	42,7	42,8
309	I, 17, H, 1500	1200	1500	17,0	15,02	559,0	92,8	79,5	26,7	2000	13,3	66,1	26 600	402	14,85	8,80	14,00	39,5	12,8	86,2	33,1	53,1	54,0	54,0
310	I, 17, F	1200	—	17,0	15,02	559,0	92,5	78,4	27,4	2000	14,1	65,1	28 200	433	16,50	9,87	15,70	39,8	12,4	85,5	33,6	51,9	58,7	58,7

Zahlentafel 6. Kühler II.

Versuchsnummer	Versuchsdaten	Umlaufzahl des Ventilators n_v	Umlaufzahl d. Ventilators hinter dem Kühler n_{vz}	Fahrgeschwindigkeit v_f m/sk	Dmr. der Mündung des Poncelet-Gefäßes Φ_p mm	Wasserstand im Poncelet-Gefäß h_p mm	Wassereinlauftemperatur ϑ_1 °C	Wasserauslauftemperatur ϑ_{2m} °C	Lufteintrittstemperatur τ_1 °C	Wassermenge W kg/st	Wasserabkühlung $\Delta\vartheta$ °C	$\vartheta_1 - \tau_1$ °C	gesamte Wärmemenge Q WE/st	$\frac{Q}{\vartheta_1 - \tau_1} = q$ WE/st	ideelle Fahrgeschwindigkeit v_f^* m/sk	Geschwindigkeit hinter dem Kühler v_k^* m/sk	Geschwindigkeit im Kühler v_r^* m/sk	mittlere Luftaustrittstemperatur τ_{2m} °C	Lufterwärmung $\Delta\tau$ °C	mittlere Wassertemperatur ϑ_m °C	mittlere Lufttemperatur τ_m °C	mittlerer Temperaturunterschied Δt_m °C	Wärmeübergangskoeffizient (gerechnet) $\varkappa$	Wärmedurchgangs-Koeff. (über v_f^* abgegriffen) $\varkappa^*$
209a	II, 0, B, 500	0	500	0	15,02	559,0	92,6	88,9	14,9	2000	4,7	77,7	9 400	121	3,50	1,35	3,15	43,5	28,6	90,3	29,2	61,1	24,0	22,8
209b	II, 0, B, 1000	0	1000	0	»	»	91,2	84,3	19,0	»	6,9	72,2	13 800	191	5,75	2,35	5,47	43,0	24,0	87,8	31,0	56,8	36,3	36,0
209c	II, 0, B, 1500	0	1475	0	»	»	91,2	81,7	20,5	»	9,5	70,7	19 000	269	8,50	3,56	8,30	42,7	22,2	86,5	31,6	54,9	51,5	51,3
209d	II, 17, B, 0	1200	0	17,0	»	»	91,4	78,9	25,6	»	12,5	65,8	25 000	380	12,60	5,23	12,20	45,8	20,2	85,2	35,7	49,5	73,5	74,7
209e	II, 17, B, frei	1200	1000	17,0	»	»	90,6	77,2	26,1	»	13,4	64,5	26 800	415	14,30	5,86	13,65	45,3	19,2	84,0	35,7	48,3	81,3	82,0
209f	II, 17, B, 1500	1200	1500	17,0	»	»	89,5	75,5	26,8	»	14,0	62,7	28 000	446	15,85	6,40	14,92	45,2	18,4	82,5	36,0	46,5	88,5	89,0
209g	II, 13, B, 0	930	0	13,0	»	»	93,7	82,8	23,1	»	10,9	70,6	21 800	309	9,90	4,16	9,69	45,2	22,1	88,2	34,2	54,0	59,3	59,7
210	II, 13, B, frei	930	790	13,0	»	»	93,1	81,1	22,8	»	12,0	70,3	24 000	342	11,40	4,77	11,10	44,0	21,2	87,1	33,4	53,7	67,2	66,0
211	II, 13, B, 1000	930	1000	13,0	»	»	92,4	80,1	22,6	»	12,3	69,8	24 600	353	11,55	4,82	11,22	44,0	21,4	86,3	33,3	53,0	68,0	68,6
212	II, 13, B, 1500	930	1500	13,0	»	»	91,0	77,4	22,1	»	13,6	69,9	27 200	389	13,00	5,38	12,55	43,3	21,2	84,2	32,7	51,5	75,5	78,1
213	II, 9, B, 0	635	0	9,0	»	»	94,3	86,1	19,7	»	8,2	74,6	16 400	220	6,70	2,76	6,43	42,0	22,3	90,2	30,9	59,3	41,5	41,0
214	II, 9, B, 500	635	500	9,0	»	»	93,9	84,9	19,0	»	9,0	74,9	18 000	240	7,40	3,10	7,22	43,3	24,3	90,4	31,2	59,2	45,3	45,0
215	II, 9, B, 1500	635	1500	9,0	»	»	90,5	78,6	19,4	»	11,9	71,1	23 800	335	10,90	4,56	10,67	40,5	21,1	84,6	30,0	54,6	64,6	64,5
216	II, 5, B, 0	353	0	5,0	»	»	94,8	89,7	19,2	»	5,1	75,6	10 200	135	3,95	1,55	3,62	47,0	27,8	92,3	33,1	59,2	26,2	25,5
217	II, 5, B, 500	353	500	5,0	»	»	93,5	87,7	19,1	»	5,8	74,4	11 600	156	4,60	1,85	4,31	46,0	26,9	90,6	32,6	58,0	30,0	29,6
218	II, 5, B, 1500	353	1500	5,0	»	»	91,1	81,0	20,7	»	10,1	70,4	20 200	287	9,10	3,82	8,90	43,0	22,3	86,1	31,9	54,2	54,7	55,1
219	II, 5, D.	353	—	5,0	»	»	93,7	88,3	20,5	»	5,4	73,2	10 800	148	4,35	1,72	4,01	47,1	26,6	91,0	33,8	57,2	28,5	28,0
220	II, 9, D.	635	—	9,0	»	»	92,4	83,7	21,6	»	8,7	70,8	17 400	246	7,65	3,20	7,46	44,4	22,8	88,1	33,0	55,1	46,5	46,7
221	II, 17, D.	1200	—	17,0	»	»	89,3	75,1	22,8	»	14,2	66,5	28 400	427	14,80	6,05	14,10	42,8	20,0	82,2	32,8	49,4	84,0	85,0
222	II, 13, H, 0	930	0	13,0	»	»	91,3	78,8	19,4	»	12,5	71,9	25 000	348	11,40	4,76	11,08	43,4	23,9	85,1	31,4	53,7	67,2	68,7
223	II, 13, H, 1000	930	1000	13,0	»	»	92,3	78,2	19,7	»	14,1	72,6	28 200	389	13,00	5,38	12,54	42,0	22,3	85,3	30,9	54,4	75,5	76,7

223a	II, 13, H, 1200	930	2000	13,0	15,02	559,0	89,7	74,1	20,9	2000	15,6	68,8	31 200	454	16,20	6,52	15,20	40,8	19,9	81,9	30,9	51.0	90,0	90,5
224	II, 17, H, 0	1200	0	17,0	»	»	90,5	76,0	22,9	»	14,5	67,6	29 000	429	14,95	6,10	14,22	43,0	20,1	83,3	33,1	50,2	84,5	85,4
225	II, 17, H, 1000	1200	1000	17,0	»	»	90,3	75,2	23,5	»	15,1	66,8	30 200	452	16,20	6,52	15,20	43,0	19,5	82,2	33,3	49,5	90,0	90,1
226	II, 17, H, 2000	1200	2000	17,0	»	»	89,7	73,1	23,8	»	16,6	65,9	33 200	504	18,70	7,30	17,00	43,0	19,2	81,4	32,4	49,0	100,0	100,2
227	II, 9, H, 0	635	0	9,0	»	»	92,2	82,9	20,4	»	9,3	71,8	18 600	259	8,10	3,38	7,88	43,4	23,0	87,6	31,9	55,7	49,2	49,4
228	II, 9, H, 2000	635	2000	9,0	»	»	89,0	75,5	20,6	»	13,5	68,4	27 000	395	13,30	5,50	12,81	41,0	20,4	82,3	30,8	51,5	76,8	77,5
229	II, 5, H, 2000	353	2000	5,0	»	»	91,6	78,5	19,5	»	13,1	72,1	26 200	364	12,00	5,00	11,65	41,0	21,5	85,1	30,3	54,8	70,0	70,7
230	II, 0, H, 2000	0	2000	0	»	»	94,2	82,7	18,4	»	11,5	75,8	23 000	304	9,70	4,08	9,50	42,0	23,6	88,5	30,2	58,3	58,3	58,3
231	II, 5, H, 1000	353	1000	5,0	»	»	94,0	85,3	19,2	»	8,5	74,6	17 000	228	7,00	2,90	6,75	45,3	26,1	89,6	32,3	57,3	43,0	43,9
232	II, 0, H, 1000	0	1000	0	»	»	92,8	8,77	17,7	»	6,3	76,3	12 600	165	4,90	2,00	4,66	44,3	26,6	90,9	31,0	59,9	32,0	31,1
233	II, 5, H, 0	353	0	5,0	»	»	94,5	8,71	19,0	»	5,7	73,8	11 400	154	4,55	1,82	4,24	45,3	26,3	90,0	32,2	57,8	29,6	29,2
234	II, 5, A, 0	353	0	5,0	»	»	93,3	8,89	18,1	»	5,6	76,4	11 200	147	4,35	1,72	4,01	45,4	27,3	91,7	31,8	59,9	28,5	27,7
235	II, 5, A, 500	353	500	5,0	»	»	93,3	87,3	19,0	»	6,0	74,3	12 000	162	4,80	1,93	4,49	44,7	25,7	90,3	31,9	58,4	31,0	30,5
235a	II. 5, A, 1000	353	1000	5,0	»	»	94,4	86,2	19,3	»	8,2	75,1	16 400	218	6,65	2,75	6,40	44,7	25,4	90,3	32,0	58,3	41,3	41,6
236	II, 5, A, 2000	353	2000	5,0	»	»	92,9	80,9	20,3	»	12,0	72,6	24 000	331	10,70	4,50	10,48	42,7	22,4	86,9	31,5	55,4	63,2	64,0
237	II, 9, A, 0	635	0	9,0	»	»	93,9	85,4	21,9	»	8,5	72,0	17 000	236	7,30	3,02	7,03	45,6	23,7	89,7	33,8	55,9	44,7	45,0
238	II, 9, A, 2000	635	2000	9,0	»	»	92,5	79,7	23,7	»	12,8	68,8	25 600	372	12,30	5,12	11,91	44,3	20,6	86,1	34,0	52,1	72,0	72,6
239	II, 13, A, 0	930	0	13,0	»	»	92,0	81,0	25,1	»	11,0	66,9	22 000	329	10,70	4,50	10,48	47,0	21,9	86,5	36,0	50,5	63,7	64,5
240	II, 13, A, 1000	930	1000	13,0	»	»	90,9	79,2	25,6	»	11,7	65,3	23 400	364	11,60	4,82	11,23	46,2	20,6	85,1	35,9	49,2	68,2	70,3
241	II, 13, A, 2000	930	2000	13,0	»	»	92,5	78,8	26,9	»	13,7	65,6	27 400	418	14,35	5,87	13,66	46,7	19,8	85,7	36,8	48,9	82,0	83,0
242	II, 17, A, 0	1200	0	17,0	»	»	92,7	80,2	29,7	»	12,5	63,0	25 000	397	13,40	5,53	12,90	49,0	19,3	86,5	39,4	47,1	77,2	78,5
243	II, 17, A, 2000	1200	2000	17,0	»	»	89,3	73,9	24,0	»	15,4	65,3	30 800	472	17,60	7,25	16,88	41,8	17,8	81,6	32,9	48,7	92,5	93,5
244	II, 17, A, 1500	1200	1500	17,0	»	»	89,8	74,8	22,8	»	15,0	67,0	30 000	448	16,00	6,44	15,00	42,4	19,6	82,3	32,6	49,7	89,0	89,2
245	II, 0, A, 2000	0	2000	0	»	»	93,2	83,2	20,0	»	10,0	73,2	20 000	273	8,60	3,60	8,39	43,2	23,2	88,2	31,6	56,6	52,0	52,2
246	II, 0, A, 1000	0	1000	0	»	»	94,0	88,1	18,9	»	5,9	75,1	10 800	144	4,25	1,70	3,96	45,5	26,6	91,1	32,2	58,9	28,2	27,2
247	II, 0, A, 500	0	500	0	»	»	95,0	91,5	19,0	»	3,5	76,0	7 000	92	2,60	0,95	2,21	50,5	31,5	93,3	34,8	58,5	13,6	17,7
248	II, 17, G, 0	1200	0	17,0	»	»	92,0	78,8	22,9	»	13,2	69,1	26 400	382	12,70	5,28	12,30	44,5	21,6	85,4	33,7	51,7	74,0	75,5
249	II, 17, G, frei	1200	1090	17,0	»	»	92,0	77,5	23,6	»	14,5	68,4	29 000	424	14,65	6,00	13,98	44,0	20,4	84,8	33,8	51,0	83,2	84,0
250	II, 17, G, 1500	1200	1500	17,0	»	»	91,5	76,8	25,4	»	14,7	66,1	29 400	445	15,20	6,35	14,80	45,0	24,6	84,2	35,2	49,0	88,0	88,6
251	II, 17, G, 2000	1200	2000	17,0	»	»	90,2	74,8	26,4	»	15,8	64,2	31 600	492	18,00	7,10	16,54	45,0	18,6	82,7	35,7	47,0	96,0	99,4
252	II, 13, G, 2000	930	2000	13,0	»	»	89,8	75,1	22,8	»	14,7	67,0	29 400	440	14,45	6,25	13,93	42,5	19,7	82,5	32,7	49,8	87,0	87,0
253	II, 9, G, 2000	635	2000	9,0	»	»	89,6	74,9	17,0	»	14,7	72,6	29 400	405	13,80	5,67	12,63	38,6	21,6	82,3	27,8	54,5	79,2	79,9
254	II, 5, G, 2000	353	2000	5,0	»	»	93,6	79,5	17,9	»	14,1	75,7	28 200	386	12,85	5,32	11,85	39,9	22,0	86,6	28,9	57,7	74,7	72,3
255	II, 0, G, 2000	0	2000	0	»	»	93,9	80,3	19,8	»	13,6	74,1	27 200	367	12,15	5,05	11,76	42,5	22,7	87,1	31,2	55,9	71,0	72,0
226	II, 13, G, 1000	930	1000	13,0	»	»	90,4	78,2	22,9	»	12,2	67,5	24 400	362	12,00	5,00	11,65	43,3	21,4	84,3	33,6	50,7	70,5	71,2
257	II, 13, G, 0	930	0	13,0	»	»	92,6	81,9	23,9	»	10,7	68,7	21 400	312	10,00	4,20	9,79	45,5	21,6	87,3	34,7	52,6	60,0	60,1
258	II, 5, G, 0	353	0	5,0	»	»	95,1	90,0	21,5	»	5,1	73,6	10 200	139	4,05	1,60	3,73	48,5	27,0	92,6	35,0	57,6	27,0	26,2

Zahlentafel 7. Kühler III.

Versuchsnummer	Versuchsdaten	Umlaufzahl des Ventilators n_v	Umlaufzahl des Ventilators hinter dem Kühler n_{vz}	Fahrgeschwindigkeit v_f m/sk	Dmr. der Mündung des Poncelet-Gefäßes Φ_p mm	Wasserstand im Poncelet-Gefäß h_p mm	Wassereinlauftemperatur ϑ_1 °C	Wasserauslauftemperatur ϑ_{2m} °C	Lufteintrittstemperatur τ_1 °C	Wassermenge W kg/st	Wasserabkühlung $\Delta\vartheta$ °C	$\vartheta_1 - \tau_1$ °C	gesamte Wärmemenge Q WE/st	$\frac{Q}{\vartheta_1 - \tau_1} = q$ WE/st	ideelle Fahrgeschwindigkeit v_f^* m/sk
289	III, 0, B, 1000	0	1000	0	15,02	557,2	94,6	86,7	25,6	2000	7,9	69,0	15 800	229	5,75
290	III, 0, B, 1500	0	1500	0	»	»	89,8	79,6	27,5	»	10,2	62,3	20 400	327	8,95
291	III, 0, B, 500	0	500	0	»	»	94,0	90,0	25,8	»	4,0	68,2	8 000	117	2,60
292	III, 0, B, 300	0	280	0	»	»	95,6	92,9	26,1	»	2,7	69,5	5 400	78	1,60
293	III, 0, B, 0	0	0	0	»	»	$96,4_5$	96,2	25,6	»	0,25	70,8	500	7	0
294	III, 5, B, 1000	353	1000	5,0	»	»	92,9	83,4	24,2	»	9,5	68,7	19 000	277	7,20
295	III, 5, B, 500	353	500	5,0	»	»	95,2	88,4	24,8	»	6,8	70,4	13 600	193	4,65
296	III, 9, B, 0	635	0	9,0	»	»	92,5	83,8	26,6	»	8,7	65,9	17 400	264	6,80
297	III, 9, B, 500	635	500	9,0	»	»	91,9	82,7	27,6	»	9,2	64,3	18 400	286	7,50
298	III, 9, B, 1000	635	1000	9,0	»	»	90,8	80,4	28,0	»	10,4	62,8	20 800	331	9,00
299	III, 9, D.	635		9,0	»	»	89,4	80,3	28,6	»	9,1	60,8	18 200	299	8,00
300	III, 17, B, 1500	1200	1500	17,0	»	»	89,2	74,8	32,1	»	14,4	57,1	28 800	504	15,70

Gleiche Fahrgeschwindigkeit bei verschiedenen Ventilatorumlaufzahlen. Gleiche Ventilatorumlaufzahlen bei verschiedenen Fahrgeschwindigkeiten.

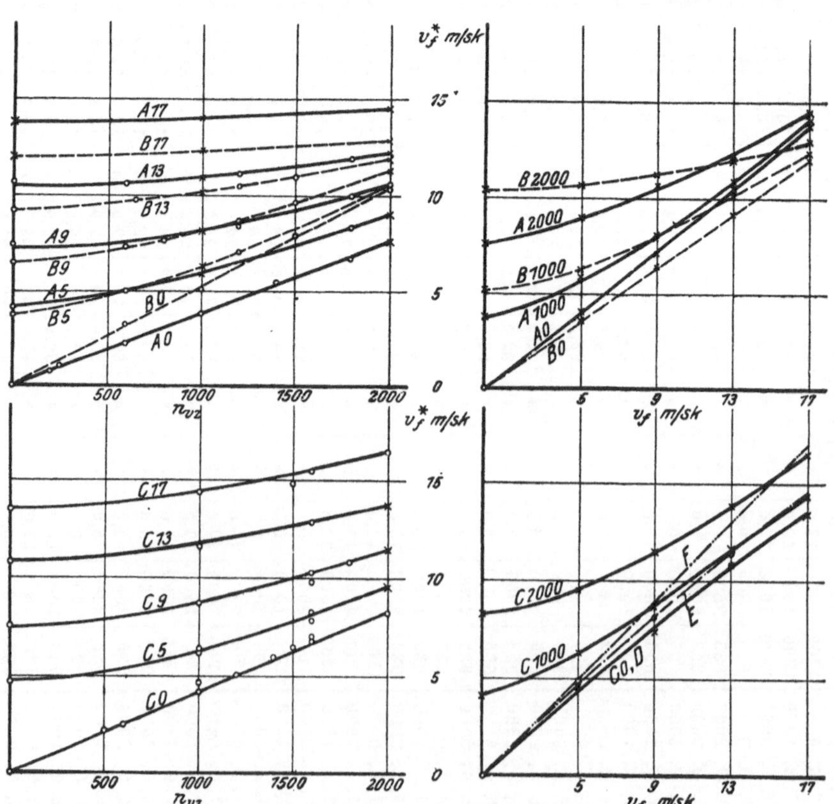

Diagramm 18. Kühler I.

Gleiche Fahrgeschwindigkeit bei verschiedenen Ventilatorumlaufzahlen. **Gleiche Ventilatorumlaufzahlen bei verschiedenen Fahrgeschwindigkeiten.**

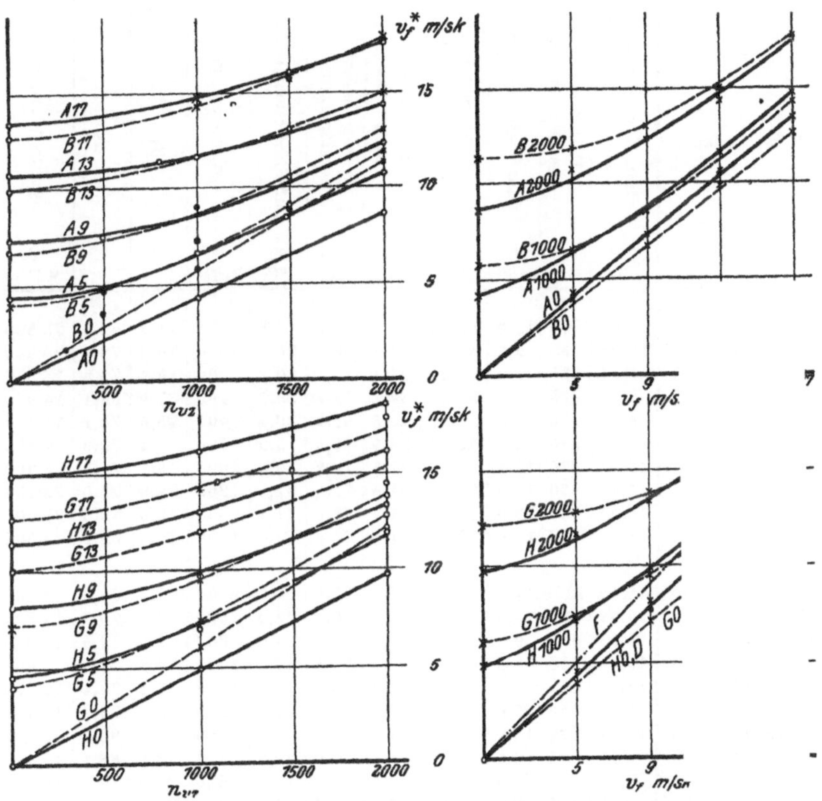

Die ● -Punkte stellen die Versuche mit Kühler III dar.
Diagramm 19. Kühler II und III.

Die andre Gruppe der Nebenversuche, bei denen die Regelmäßigkeit des Wasserzulaufes durch den Einbau der Bretter im Ein- und Auslaufkasten gestört war, wurden am freistehenden Kühler ausgeführt. Sie sollen nur bis zur Bestimmung der q-Werte ausgerechnet werden; der Rechnungsgang ist also (die Bezeichnungen sind dieselben wie bei den Hauptversuchen) der folgende:

Gemessen ist:

$$n_v,\ v_f,\ h_p,\ \vartheta_1,\ \vartheta_{2m},\ W,\ \tau_1.$$

Daraus wird berechnet:

$$\varDelta\vartheta = \vartheta_1 - \vartheta_{2m}$$
$$Q_{100} = W\varDelta\vartheta$$
$$q_0 = \frac{Q_{100}}{\vartheta_1 - \tau_1}.$$

Die Versuchswerte für Kühler I und II sind in der Zahlentafel 8 zusammengestellt.

Trägt man in dasselbe Diagramm (20) die q-Werte der Hauptversuche und die hier für dieselben Wassermengen und dieselben Fahrgeschwindigkeiten ermittelten q_0-Werte ein, so stellt die Differenz $q - q_0$ den in jedem Fall auftretenden Verlust dar.

Es ist hier noch zu erwähnen, daß eine Reihe von Versuchen am Kühler I mit Zu- und Ablaufkästen gemacht wurden, die von der Fabrik mit Kühler II mitgeliefert worden waren. Diese Versuche sind unbrauchbar, weil die Temperatur-

Zahlentafel 8.

Versuchsnummer	Versuchsdaten	Dmr. der Mündung des Poncelet-Gefäßes Φ_p mm	Umlaufzahl des Ventilators n_V	Fahrgeschwindigkeit v_f m/sk	Wasserstand im Poncelet-Gefäß h_p mm	Wassereinlauftemperatur ϑ_1 °C	Wasserauslauftemperatur ϑ_{2m} °C	Lufteintrittstemperatur τ_1 °C	Wassermenge W kg/st	$\vartheta_1 - \vartheta_{2m}$	$\vartheta_1 - \tau_1$	gesamte Wärmemenge Q_0 WE/st	$q_0 = \frac{Q_0}{\vartheta_1 - \tau_1}$
179	I, 13, 2000, 90	15,02	930	13,0	559,0	92,1	80,3	27,3	2000	11,8	64,8	23 600	364
180	I, 9, 2000, 90	15,02	635	9,0	558,3	93,8	83,8	20,1	2000	10,0	73,7	20 000	271
181	I, 9, 1200, 90	11,47	635	9,0	597,0	93,4	77,7	20,1	1200	15,7	73,3	18 850	258
182	I, 9, 400, 90	6,70	635	9,0	572,6	88,7	51,5	20,6	400	37,2	68,1	14 900	218
183	I, 5, 400, 90	6,70	353	5,0	572,0	90,5	61,7	20,4	400	28,6	70,1	11 450	163
184	I, 5, 2000, 90	15,02	353	5,0	559,2	94,9	87,5	19,0	2000	7,4	75,9	14 800	195
185	I, 13, 2000, 90	15,02	930	13,0	559,5	91,3	78,2	19,8	2000	13,1	71,5	26 200	366
186	I, 13, 1200, 90	11,47	930	13,0	597,0	91,6	71,8	21,1	1200	19,8	70,5	23 700	337
187	I, 13, 2000, 90	15,02	930	13,0	559,5	91,2	78,4	21,2	2000	12,8	70,0	25 600	366
188	I, 13, 1200, 90	11,47	930	13,0	597,7	91,2	71,6	22,0	1200	19,6	69,2	23 500	340
259	II, 17, 2000, 90	15,02	1200	17,0	559,0	92,9	85,2	24,7	2000	7,7	68,2	15 400	226
260	II, 13, 2000, 90	15,02	930	13,0	559,0	93,6	86,2	22,9	2000	7,4	70,7	14 800	210
261	II, 9, 2000, 90	15,02	635	9,0	559,0	93,4	86,9	19,9	2000	6,5	73,5	13 000	177
262	II, 5, 2000, 90	15,02	353	5,0	559,0	92,7	88,4	20,3	2000	4,3	72,4	8 600	119
263	II, 9, 1200, 90	11,47	635	9,0	597,0	91,9	75,8	18,8	1200	16,1	73,1	19 320	264
264	II, 5, 1200, 90	11,47	353	5,0	597,0	93,5	83,4	18,6	1200	10,1	74,9	12 120	162
265	II, 13, 1200, 90	11,47	930	13,0	597,0	91,2	71,6	22,2	1200	19,6	96,0	22 520	341
266	II, 9, 400, 90	6,70	635	9,0	572,0	88,7	50,9	20,5	400	37,8	68,2	15 120	222
267	II, 5, 400, 90	6,70	353	5,0	572,0	89,6	63,7	19,4	400	25,9	70,2	10 350	148
268	II, 9, 1600, 90	15,02	635	9,0	360,0	93,3	81,7	21,5	1600	11,6	71,8	18 560	254
269	II, 9, 1800, 90	15,02	635	9,0	480,0	93,7	83,1	22,4	1800	10,6	71,3	19 080	268
270	II, 9, 2000, 90	15,02	635	9,0	559,0	93,7	84,2	22,5	2000	9,5	71,2	19 000	267
271	II, 17, 2000, 90	15,02	1200	17,0	559,0	91,9	78,1	26,3	2000	13,8	65,6	27 600	421
272	II, 13, 2000, 90	15,02	930	13,0	559,0	93,4	80,9	24,2	2000	12,5	69,2	25 000	362

Bemerkung: Die bei den Versuchen 259 bis 262 übergehende Wärmemenge ist viel zu niedrig; wahrscheinlich deshalb, weil durch zu plötzliches Anstellen der Wasserzirkulation der Kühler teilweise mit Luft erfüllt blieb. Es bilden sich dann zwei Wasserstände aus — einer im Oberkasten (über dem Loch in dem Brett darin) und einer irgendwo im Kühler (über der Auslauföffnung des Schiebers).

Diagramm 20.

a (Kühler I). b (Kühler II).

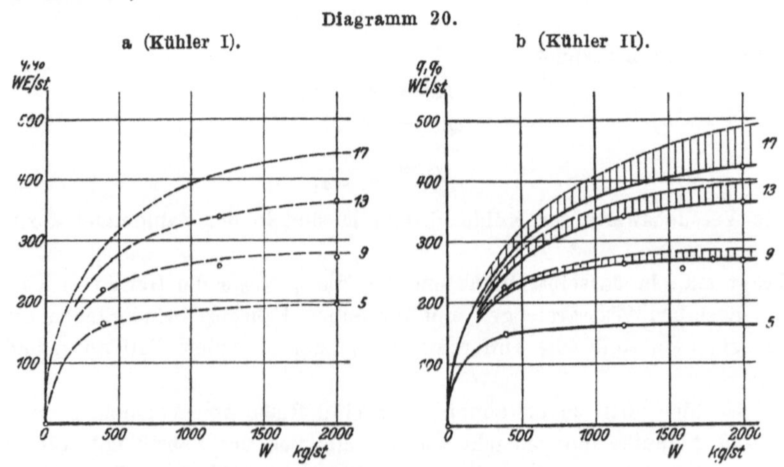

---- q-Werte der Hauptversuche (Ein- und Auslauf frei).

—— q_0-Werte der Versuche mit beengtem Ein- und Auslauf.

messung falsch war. Es konnten nämlich die Thermometer nicht in die Kästen selbst eingebracht werden, sondern befanden sich in den Zu- und Ablaufrohren, wodurch der Temperaturabfall im Wasser in den Kästen und in den Stücken dieser Rohre zwischen den Thermometern und den Kästen mitgemessen wurde. Dadurch ergaben sich zu hohe Werte für den Wärmedurchgang.

IX. Abschnitt

Diskussion der Versuchsergebnisse.

1) Hauptversuche.

Läßt sich zeigen, daß die Formel

$$Q = \frac{\vartheta_1 - \tau_1}{\frac{1}{F\varkappa} + \frac{1}{2\,W} + \frac{1}{2\,L\,C_{p2}}} \quad . \; . \; . \; . \; . \; . \; . \; . \; . \; . \quad (4)$$

sich deckt mit den Versuchsergebnissen, dann kann sie benutzt werden für die Berechnung von Automobilkühlern.

Zunächst beweisen die Versuche sehr gut die Beziehung:

$$Q = \text{konst}\;(\vartheta_1 - \tau_1).$$

Es ist nämlich aus den Zahlentafeln für den Kühler I zu sehen, daß die für q unter sonst gleichen Verhältnissen sich ergebenden Werte stets dieselben sind:

$$q = \text{konst.}$$

Da aber $q = \frac{Q}{\vartheta_1 - \tau_1}$ abgeleitet war, geht daraus hervor, daß Q ceteris paribus proportional der Größe $\vartheta_1 - \tau_1$ ist.

Im folgenden soll diese einfache Beziehung nicht weiter beachtet werden, es soll nunmehr mit q gerechnet werden.

Um zu zeigen, inwieweit die Formel sich deckt mit der bei den Versuchen gefundenen Abhängigkeit:

$$q = f\,(W, L),$$

muß zunächst die Beziehung zwischen der bei den Versuchen gemessenen Fahrgeschwindigkeit und der in der Formel stehenden Luftmenge aufgestellt werden.

Zu dem Zweck sei etwas über die Diagramme $\frac{v_k}{v_f}$ und $\frac{v_r}{v_f}$ gesagt: Wie aus der Auftragung $\frac{v_f}{v_f}$ (45°-Linie) hervorgeht, liegen die v_r-Werte nahe an den v_f-Werten. Würde die Luft ohne Reibung durch den Kühler durchströmen, so wäre

$$v_r = v_f,$$

denn der aus der Düse einmal ausgetretene Strahl ist frei von statischem Ueberdruck, kann sich also nicht mehr beschleunigen. Der höchste Wert für v_r ist also v_f. Ein Maß für den Reibungswiderstand im Kühler ist dann die Größe:

$$\varrho = \frac{v_r}{v_f}; \; \varrho_{\max} = 1.$$

Für ϱ sind hier Werte von ungefähr 1 (Kühler I und II) bis zu ungefähr 0,8 (Kühler III) gefunden worden; eine Abhängigkeit von der Luftgeschwindigkeit hat sich nicht gezeigt, v_r ist stets nahezu proportional v_f.

Die Luftgeschwindigkeit hinterm Kühler wird jetzt durch den Ausdruck dargestellt:

$$v_k = \lambda v_r = \varrho \lambda v_f,$$

wobei λ die »Luftdurchlässigkeit« des Kühlers, d. h. das Verhältnis des kleinsten Querschnittes der Luftwege zur Stirnfläche bedeutet. Damit kann jetzt die den Kühler passierende Luftmenge berechnet werden.

$$L = F_{st} \lambda \varrho v_f 3600.$$

In den Ausdruck $L C_{p2}$ müßte eigentlich, da unter L die Luftmenge in cbm bei der Temperatur τ_{2m} verstanden ist, $C_{p2} = C_{p0} \frac{273}{273 + \tau_{2m}}$ eingesetzt werden. Weil aber $\frac{1}{L C_{p2}}$ gegen $\frac{1}{F \varkappa}$ zurücktritt (siehe das Beispiel im X. Abschnitt) und durch Einsetzen für τ_{2m} aus der dafür vorhandenen Formel:

$$\tau_{2m} = \tau_1 + \frac{Q}{L C_{p2}}$$

nichts zu gewinnen ist — es sind das zwei Gleichungen mit drei Unbekannten — ist C_{p2} hier unveränderlich angenommen und zwar, um sicher zu gehen, sehr klein (entsprechend einer Luftaustrittstemperatur von 60°)

$$C_{p2} = 0{,}25.$$

Dann wird:

$$L C_{p2} = 0{,}25\, L = 0{,}25 \cdot 3600\, F_{st} \varrho \lambda v_f.$$

Es bedeute ferner:

$$\varphi = \frac{F}{F_{st}}, \quad F = F_{st} \varphi,$$

wobei φ ein Koeffizient ist, der das der Kühlerkonstruktion eigentümliche Verhältnis der Heizfläche zur Stirnfläche angibt.

Setzt man diese Werte nun ein in die Gleichung:

$$q = \frac{1}{\frac{1}{F \varkappa} + \frac{1}{2 W} + \frac{1}{2 L C_{p2}}},$$

so wird:

$$q = \frac{1}{\frac{1}{F_{st}} \left(\frac{1}{\varphi \varkappa} + \frac{1}{1800 \lambda \varrho v_f} \right) + \frac{1}{2 W}} \quad \ldots \ldots \ldots \quad (5).$$

Dieser Ausdruck erlaubt, q aus W und v_f zu bestimmen, wenn für die gewählte Kühlerkonstruktion

$$\varphi = \frac{F}{F_{st}} \text{ und } \lambda = \frac{F_{\min}}{F_{st}}$$

berechnet und $\varkappa$ als $f(v_f)$ sowie ϱ durch Versuche ermittelt sind.

Zur Kontrolle der Annahme für C_{p2} kann man dann noch τ_{2m} und C_{p2} rückwärts berechnen und das erste Resultat eventuell danach berichtigen.

Aus der Formel (5) sind für dieselben Verhältnisse wie bei den Versuchen und mit den dabei gefundenen Werten für $\varkappa$ und ϱ die Werte für q berechnet worden, die in den Diagrammen zu den gestrichelten Kurven vereinigt sind.

Wie man sieht, ist die Uebereinstimmung von Rechnung und Versuch selbst mit den in Formel (5) gemachten Annahmen noch recht gut; sie genügt jedenfalls für die Berechnung einer Vorrichtung, die unter derartig schwankenden Verhältnissen zu arbeiten hat wie ein Automobilkühler.

Das Zurückbleiben der Versuchswerte hinter den Rechnungswerten bei hohen Fahrgeschwindigkeiten und kleinen Wassermengen sowie bei geringen Fahrgeschwindigkeiten und großen Wassermengen ist darauf zurückzuführen, daß hier die Annahme geradlinigen Temperaturverlaufes nicht mehr ganz zulässig ist. Am klarsten ausgeprägt ist das Verhalten beim Kühler I; bei den andern liegen die Rechnungswerte sämtlich etwas zu tief; sie stimmen hier gerade bei großen Wassermengen und niedrigen Fahrgeschwindigkeiten mit den Versuchswerten überein — wo sie eigentlich höher liegen sollten; bei geringen Wassermengen liegen sie höher, so wie beim Kühler I.

Es sind jedoch auch hier die Unterschiede so gering, daß dadurch die Brauchbarkeit der Formel keineswegs beeinträchtigt wird.

Wie dies die Diagramme auch darstellen, kommt es gerade so wie bei der analog gebauten Formel für $\varkappa$ auch hier vor, daß eine der Größen gegen die andern vernachlässigt werden kann: und zwar die Wassermenge für kleine Fahrgeschwindigkeiten. Da hier die Größen $\varkappa$ und L beide klein werden (sie fallen beide mit v_f), wird W, so lange es nicht selbst sehr klein wird, einflußlos. Es wird also bei langsamen Wagen nicht nötig sein, große Wassermengen umlaufen zu lassen; bei schnellen jedoch wird die übertragene Wärmemenge mit der Wassermenge stark steigen.

Die bei den Versuchen gefundenen Werte für den Wärmedurchgangskoeffizienten liegen viel höher, als man gewöhnlich anzunehmen pflegt. Wie im Anfang der Arbeit gezeigt ist, gilt:

$$\varkappa \infty \alpha_2,$$

wenn α_2 der Wärmeübergangskoeffizient von Luft ist. Für diesen wird meist angenommen:

$$\alpha_2 = 2 + 10\sqrt{v},$$

hier also auch:

$$\varkappa \infty 2 + 10\sqrt{v}.$$

Es soll nun $v = v_f$ gesetzt und damit $\varkappa$ für die hier vorkommenden Geschwindigkeiten bestimmt werden; für v ist dabei also ein um $\frac{1}{\varrho}$ zu großer Wert eingeführt. Trotzdem liegen die so bestimmten $\varkappa$-Werte (gestrichelte Kurve in den Diagrammen 13, 15 und 17) noch viel tiefer als die bei den Versuchen gefundenen, die sich genügend genau durch Gleichungen von der Form:

$$\varkappa = a + b v_f$$

darstellen ließen. Die Zahlenwerte für a und b zu ermitteln, wäre leicht, hätte aber keinen Zweck, weil $\varkappa$ ebensogut aus dem Diagramm abgegriffen werden kann.

Besonders bei den Kühlern II und III liegen die $\varkappa$-Werte hoch, was darauf zurückzuführen ist, daß die Luft beim Durchstreichen zwischen den Rohren in gute Wirbelung kommt, ein Umstand, der für die Wärmeübertragung von großem Vorteil ist. Die hervorragend hohen Werte bei Kühler III sind aus demselben Grund auf die Wellen der Rohre zurückzuführen.

2) Nebenversuche.

Der ganzen Anlage nach sind diese Versuche nur dazu geeignet, Anschauungen zu geben über die Art der Veränderungen, welche die Menge der durch den Kühler streichenden Luft und damit die übergeführte Wärmemenge erleidet infolge der Aufstellungsverhältnisse der Praxis. Da die Versuche eben nur allgemeine Anschauungen zu geben haben, ist weniger Wert gelegt auf große Genauigkeit, als vielmehr darauf, mit Hülfe möglichst vieler Versuche möglichst viele Fälle zur Darstellung zu bringen. Deshalb sind auch zu Versuchen, die durch Meßfehler ungenau geworden sind, nicht wie bei den Hauptversuchen in solchen Fällen Kontrollversuche gemacht worden, sondern es sind die Kurven in den Diagrammen in ihre wahrscheinlichste Lage gebracht.

Nur allgemeine Anschauungen können die Versuche geben, weil zu viele willkürliche Größen in die Versuchsanordnung hineingebracht werden mußten. Ist diese auch den praktischen Verhältnissen tunlichst angenähert, so bestehen doch eben in den praktischen Anordnungen so große Unterschiede — insbesondere sind die Ventilatoren von so verschiedener Konstruktion —, daß aus den Werten, die für den einen Ventilator gefunden sind, Schlüsse auf andre nicht zulässig sind. Ueber die Einflüsse der Aufstellungsweise durch Versuche, die an wirklichen Ausführungen in möglichst großer Zahl zu machen wären, Aufschluß zu erhalten, d. h. die v_l^*-Werte, die der Kühlerkonstruktion zugrunde zu legen sind, kennen zu lernen, wäre von höchster Wichtigkeit, denn erst dann ist die Berechnung der Kühler wirklich einwandfrei möglich.

Wie aus Vergleich der Werte für Kühler I und II hervorgeht, ist der Ventilator wirksamer bei Kühlern mit niedrigem λ (Kühler II), er ist auch wirksamer, wenn mehr hindernde Zubauten (Motor usw.) da sind; es gilt also überhaupt der Grundsatz: Je größer die Widerstände, desto wirksamer der Ventilator.

Am Kühler III, der dieselbe Luftdurchlässigkeit hat wie II, sind nur einige Versuche gemacht worden, welche die Annahme, daß für ihn eben wegen der gleich hohen λ-Werte die v_l^*-Werte dieselben sind wie für Kühler II, bestätigt haben.

Der bei manchen der Anordnungen den Ventilator einschließende Ring hat die Wirkung, das Ansaugen der Luft nur durch den Kühler hindurch, nicht auch neben dem Ventilator vorbei zu gestatten. Dadurch ist der Einfluß des Ventilators vergrößert — wo er nützt, nützt er mehr, wo er schadet, schadet er auch mehr, denn hier behindert der Ring das Wegstreichen der Luft, die durch den zu langsam laufenden Ventilator am Ausströmen gehindert wird. Ein wesentlicher Einfluß der Ventilatorstellung (dicht hinter dem Kühler, oder rückwärts hinter dem Motor) konnte nicht festgestellt werden.

Betrachtet man die Kurven, in denen die ideelle Fahrgeschwindigkeit als Funktion der wirklichen Fahrgeschwindigkeit mit der Umlaufzahl des Ventilators als Parameter dargestellt ist (Diagramm 18 und 19), die Kurven also gleicher Ventilator-(Motor-)tourenzahl bei verschiedenen Fahrgeschwindigkeiten, so sieht man, daß der Ventilator eine ausgleichende Wirkung ausübt. Bei hohen Fahrgeschwindigkeiten mindert er (und das besonders bei geringem Gesamtwiderstand) die Kühlwirkung, bei niedrigen hebt er sie beträchtlich, und letzteres ist ja auch sein eigentlicher Zweck.

Man kann das klarer vielleicht so ausdrücken: Theoretisch wäre es am richtigsten, wenn die Kühlwirkung, also auch die Luftgeschwindigkeit im Kühler nicht der Fahrgeschwindigkeit, sondern der Motorleistung proportional wäre. Dazu müßte der Kühler aber lediglich unter dem Einflusse des Ventilators stehen, der vom Motor getrieben wird, und mit einer der Motorumlaufzahl (beim Explosionsmotor ist diese der Leistung nahezu proportional) entsprechenden Geschwindigkeit umläuft. Da dann der Kühler bei der geringen von Schraubenradventilatoren erzeugten Luftgeschwindigkeit natürlich sehr groß ausfiele, verzichtet man nicht auf die Wirkung der Fahrgeschwindigkeit, sondern berichtigt sie bloß durch Anbringung des Ventilators. Daß dieser bei hohen Fahrgeschwindigkeiten $v_f{}^*$ vermindert, schadet bei Automobilen nichts, wo der Kühler ja doch für die Bergfahrt (hohe Motorleistung bei kleiner Fahrgeschwindigkeit) berechnet werden muß.

Anders bei Luftschiffen. Hier kommen dauernd Fahrgeschwindigkeiten von 10 bis 15 m/sk vor. Bei dem untersuchten Ventilator war für diese Geschwindigkeiten keine derartige Verbesserung der Kühlwirkung vorhanden, daß sie die durch Verwendung eines Ventilators verursachte Komplikation rechtfertigen könnte. Es ist auch noch ein zweiter Grund vorhanden, der gegen die Verwendung von Ventilatoren bei Luftschiffen spricht. Die Fahrgeschwindigkeit (Relativgeschwindigkeit gegen die Luft) ist hier nur von der Motorleistung abhängig, und zwar so, daß sie in einem der Proportionalität ähnlichen Abhängigkeitsverhältnis zu ihr steht. Es liegt also gar kein Bedürfnis vor, auch noch auf eine zweite Art eine Abhängigkeit der Kühlwirkung von der Motorleistung einzuführen. Es ist nur notwendig, einen richtig bemessenen Kühler möglichst frei aufzustellen. Der Berechnung können dann hier einfach die wirklichen Fahrgeschwindigkeiten zugrunde gelegt werden.

Bei den Versuchen mit behindertem Wasserzu- und Abfluß hat sich ergeben, daß bei Luftröhrenkühlern der Einfluß selbst derartig enger Wasserkammern, wie sie die Versuchseinrichtung hatte, gering ist. Das Wasser kann sich eben auch zwischen den Rohren des Kühlers verteilen, die Durchströmung des Kühlers wird nicht stark gestört sein. Bei den Wasserrohrkühlern sind die Verluste schon erheblicher. Hier wird die Wasserverteilung im Kühler sehr unregelmäßig werden: Bei gleicher Gesamtwassermenge wird an den Seiten des Kühlers nurmehr sehr wenig durchströmen und die Wirkungsweise dieser Teile der Kühlfläche dadurch mehr verschlechtern, als die Verbesserung der Wirkungsweise für die mittleren Kühlerteile beträgt, durch die jetzt mehr Wasser fließt. Denn, wie sich aus dem $\frac{q}{W}$-Diagramm ergibt, fällt $\frac{\partial q}{\partial W}$ mit steigendem W, d. h. es wird die Verschlechterung der Wirkung der von geringen Mengen durchflossenen Kühlerteile größer sein als deren Verbesserung für die von mehr Wasser durchströmten beträgt. Ganz allgemein wird die größte Wärmemenge unter sonst gleichen Umständen bei gleichmäßiger Durchströmung übertragen werden.

X. Abschnitt.

Ergebnisse für die Berechnung und Konstruktion von Automobilkühlern.

Die bei der Diskussion der Hauptversuche gefundene Formel:

$$q = \frac{1}{\frac{1}{F_{st}}\left(\frac{1}{\varphi\,\varkappa} + \frac{1}{1800\,\lambda\,\varrho\,v_f}\right) + \frac{1}{2W}} \quad . \quad . \quad . \quad . \quad . \quad . \quad . \quad . \quad (5)$$

soll hier weiter umgeformt werden, um in eine für die Berechnung der Kühler in der Praxis brauchbare Gestalt zu kommen.

Hier ist wieder die ganze Wärmemenge, die von dem Kühler übertragen werden soll, in Rechnung zu stellen; außerdem ist im allgemeinen $v_f{}^*$ statt v_f einzusetzen:

$$Q = \frac{\vartheta_1 - \tau_1}{\frac{1}{F_{st}}\left(\frac{1}{\varphi \varkappa} + \frac{1}{1800\,\lambda\,\varrho\,v_f^*}\right) + \frac{1}{2W}}.$$

Die Wärmemenge Q ist abhängig von der Motorleistung und der Motorform. Sie kann dargestellt werden als ein Vielfaches der in Wärmeeinheiten umgerechneten Stundenmotorleistung:

$$Q = 633\,k\,N,$$

wobei N die Motorleistung in Pferdestärken, k ein Faktor, über dessen Größe genaue Werte vom Verfasser nicht gefunden wurden. Es liegen zwar viele Versuche vor, aus denen k berechnet werden kann, hier kommt es aber auf dessen kleinsten zulässigen Wert an, und darüber scheint nichts bekannt zu sein. Man wird aber ungefähr richtig gehen, wenn man k mit 1 bis 2 annimmt; es wäre von höchster Wichtigkeit, Versuche mit verschiedenen Konstruktionsformen der Automobilmotoren zu machen, aus denen eine genügend genaue Berechnung von k möglich wäre.

Bei Versuchen oft vorkommende Werte bis zu 2,5 sind bei unnötig tief gehaltenen Wassertemperaturen gefunden worden.

Mit $k \sim 1{,}5$ wird dann:

$$Q = 1{,}5\,N\,633 \sim 1000\,N.$$

Führt man ferner für v_f^* den Wert V_f^*, d. h. die ideelle Fahrgeschwindigkeit in km/st ein:

$$v_f^* = \frac{V_f^*}{3{,}6},$$

so bekommt die Gleichung die Form:

$$1000\,N = \frac{\vartheta_1 - \tau_1}{\frac{1}{F_{st}}\left(\frac{1}{\varphi \varkappa} + \frac{1}{500\,\lambda\,\varrho\,V_f^*}\right) + \frac{1}{2W}}$$

Löst man sie nach F_{st} auf, so wird:

$$F_{st} = \frac{\frac{1}{\varphi \varkappa} + \frac{1}{500\,V_f^*\,\lambda\,\varrho}}{\frac{\vartheta_1 - \tau_1}{1000\,N} - \frac{1}{2W}} \quad \ldots\ldots\ldots \quad (6).$$

Darin bedeutet:

V_f^* die ideelle Fahrgeschwindigkeit (über ihre Größe siehe die Nebenversuche) in km/st,

F_{st} die Stirnfläche des Kühlers in qm,

$\varkappa$ den für v_f^* der gewählten Kühlerkonstruktion eigentümlichen Wert des Wärmedurchgangskoeffizienten,

ϱ den der gewählten Konstruktion eigentümlichen Geschwindigkeitskoeffizienten für die Luftströmung im Kühler (über ϱ s. IX. Absch. 1),

φ das der gewählten Konstruktion eigentümliche Verhältnis der Kühlfläche zur Stirnfläche,

λ das der gewählten Konstruktion eigentümliche Verhältnis des kleinsten Querschnittes der Luftwege zur Stirnfläche,

N die Motorleistung in PS,

W die umlaufende Wassermenge in kg/st,

ϑ_1 die Wassereintrittstemperatur in °C (die höchste zugelassene Wassertemperatur),

τ_1 die Lufteintrittstemperatur in °C.

Die Stirnfläche ist als Unbekannte gewählt worden, weil sie diejenige Größe ist, auf die es beim Entwurf eines Kühlers meistens ankommt.

Die Rechnung ist durchführbar, wenn für die Kühlerkonstruktion die Abhängigkeit der $\varkappa$-Werte von der Fahrgeschwindigkeit, sowie die Größe von ϱ aus Versuchen bekannt ist. Eine gewisse Unsicherheit besteht nur noch in bezug auf die Annahmen für Q als $f(N)$ und für v_f^*; diese beiden müßten durch Versuche auf eine festere Grundlage gestellt werden.

Es soll nun ein Beispiel gegeben werden:

a) für einen Kühler nach Konstruktion I.

Angenommen ist:

$N = 20$,

$W = 1000$,

$V_f^* = 36$ (entsprechend einem der Nebenversuche für 18 km/st Fahrgeschwindigkeit — Bergfahrt — und einer Ventilatortourenzahl von 1800),

$\varkappa = 40$ (der Wert für Kühler I bei $v_f^* = 10$, $V_f^* = 36$),

$\varrho \infty 1$ (der Wert für Kühler I),

$\lambda = 0{,}628$ (der Wert für Kühler I),

$\varphi = 37$ (der Wert für Kühler I).

$$\vartheta_1 - \tau_1 = 70 \; (\vartheta_1 = 95^0,\ \tau_1 = 25^0).$$

$$F_{st} = \frac{\frac{1}{37 \cdot 40} + \frac{1}{500 \cdot 0{,}628 \cdot 36 \cdot 1}}{\frac{70}{1000 \cdot 20} - \frac{1}{2 \cdot 1000}}.$$

$$F_{st} = 0{,}254 \text{ qm}.$$

b) Für einen Kühler nach Konstruktion III.

Für dieselben Verhältnisse ergibt sich hier:

$$\lambda = 0{,}429$$
$$\varphi = 28$$
$$\varkappa = 75$$
$$\varrho = 0{,}8,$$

und damit:

$$F_{st} = 0{,}210 \text{ qm},$$

in beiden Fällen ungefähr die Größe der untersuchten für 20 PS entworfenen Kühler (0,250 qm).

Ein für den Bau von Automobilkühlern geltender Grundsatz läßt sich noch aus der Formel erkennen:

$$F_{st} = \frac{\frac{1}{\varphi \varkappa} + \frac{1}{500\, V_f^* \lambda \varrho}}{\frac{\vartheta_1 - \tau_1}{Q} - \frac{1}{2W}}.$$

Alle Charakteristiken der Konstruktion stehen im Zähler dieses Ausdruckes; der Nenner enthält nur Größen, welche die Betriebsweise darstellen. Wie das vorhergehende Beispiel zeigt, ist der Ausdruck $\frac{1}{\varphi \varkappa}$ bei den beiden voneinander am verschiedensten Kühlern stets viel größer als $\frac{1}{500\, V_f^* \lambda \varrho}$; es wird also bei der Konstruktion vor allem darauf ankommen, $\frac{1}{\varphi \varkappa}$ möglichst klein zu halten; dann wird auch der Kühler bei derselben Leistung klein werden.

$\varkappa$ wird groß, wenn die Luftwirbelung groß ist, φ, wenn viel Kühlfläche in dem Kühler untergebracht ist; damit wird naturgemäß die Verteilung der Luft im

Kühler sehr fein und bei geeigneter Konstruktion die Wirbelung besonders gut. Es wird ein hoher Effekt erreicht werden. Zu weit darf man in der Richtung natürlich nicht gehen, weil sonst die den Kühler durchströmende Luftmenge zu klein wird. Grundsätzlich unrichtig aber ist es, den Kühler nach dem Gesichtspunkt zu bauen, daß er möglichst viel Luft durchlassen soll; das kann nur mit glatter Luftführung und damit sehr niedrigen $\varkappa$-Werten erreicht werden. Es wird im Zähler der Gleichung das sowieso kleinere Glied auf Kosten des größeren weiter verkleinert.

Vielfach kommen auch Ausführungen vor, bei denen die luftberührte Oberfläche wesentlich größer ist als die wasserberührte. Das ist richtig wegen des großen Unterschiedes zwischen den Wärmeübergangskoeffizienten von Luft und Wasser, und weil sich damit eine noch feinere Luftverteilung (Zickzackbleche zwischen Wasserrohren usw.) erreichen läßt. Besonders auf feine Wasserverteilung zu achten, ist überflüssig; sie ergibt sich von selbst durch die Notwendigkeit, die Luft fein zu verteilen. Die Hauptsache ist: in kleinem Raum viel Kühlfläche und gute Luftwirbelung.

Anhang.

Versuche über den Winddruck auf den Kühler und den Druckabfall im Kühlwasser.

Diese Versuche dienten zur Feststellung der Widerstände, denen die beiden den Kühler durchströmenden Medien begegnen.

Es wurde im Wasser der Druckabfall bestimmt, und zwar bei verschiedenen Mengen kalten Wassers. Er wurde gemessen mit Hülfe von Piezometern, die mittels Gummischläuchen an enge Messingröhrchen angeschlossen waren, welche ihrerseits in den Vorderwänden der Wasserkasten knapp über, bezw. unter dem Kühler eingelötet waren. Die Versuche wurden mit kaltem Wasser durchgeführt, weil bei heißem infolge verschiedener Abkühlung in den Schläuchen die spezifischen Gewichte des Wassers sich ändern und zu falschen Druckbestimmungen führen.

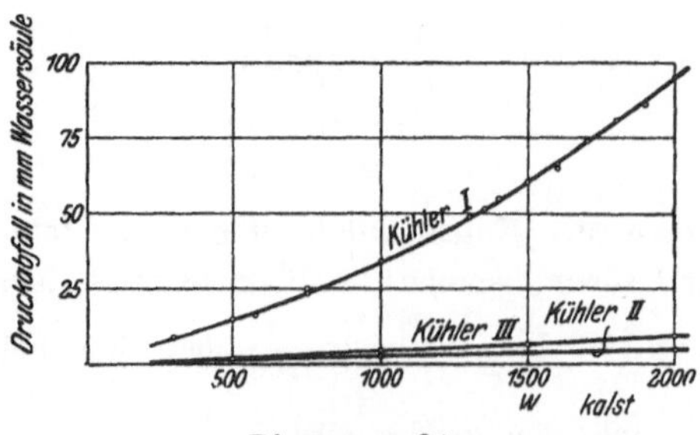

Diagramm 21.

Die ermittelten Werte sind in Diagramm 21 eingetragen; sie sind bei den Wasserrohrkühlern verschwindend gegen die beim Luftrohrkühler auftretenden — ein Umstand, der vielleicht bei Thermosyphonkühlung für die Wahl des Kühlapparates bestimmend sein kann; sonst ist die Größe des Druckabfalles im Kühlwasser wohl stets belanglos.

Für die Luftdurchströmung des Kühlers war der Widerstand schon bei den Hauptversuchen in Form eines Geschwindigkeitskoeffienten berechnet worden; hier sind noch Versuche anzuführen, bei denen der Winddruck auf den Kühler gemessen wurde. Er bildet einen Teil des Gesamtwiderstandes des Wagens, oder, was dasselbe ist, der Motorleistung; es ist nun von Interesse, zu untersuchen, bis zur welcher Größe der Anteil der Motorleistung anwachsen kann, der zur Ueberwindung des Winddruckes auf den Kühler dient.

Zu den Versuchen wurde der Kühler pendelnd aufgehängt; er befand sich in der Ruhelage in derselben Stellung vor der Düse, wie bei den andern Versuchen; die Wasserkästen waren jetzt natürlich abgenommen, Fig. 26.

Für die Stirnfläche ist jedesmal die gesamte Größe (mitsamt Flanschen, Seitenrahmen bei II) und III) usw.) eingesetzt. Sie beträgt:

bei Kühler I: 0,250 qm,
» » II u. III: 0,285 ».

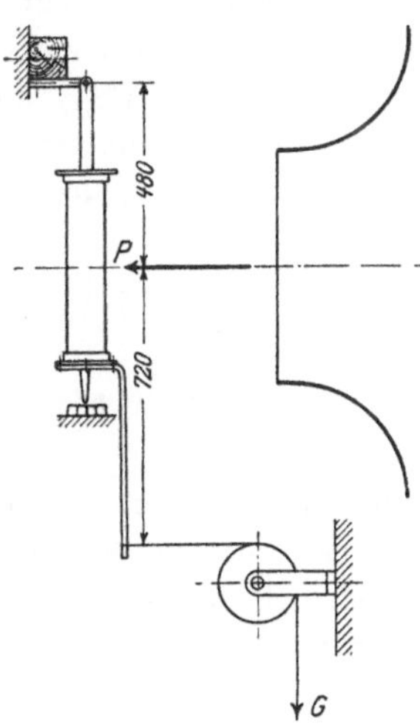

Fig. 26.

Zahlentafel 9.

Kühler	Umdrehungszahl des Ventilators n_1	Fahrgeschwindigkeit v_f m/sk	Gewicht G kg	Winddruck auf die ganze Stirnfläche P kg	Winddruck auf 1 qm Stirnfläche p kg/qm	zur Ueberwindung des Winddruckes nötige Leistung N_L PS/qm
I	353	5,0	0,140	0,350	1,40	0,09
	635	9,0	0,345	0,863	3,45	0,41
	930	13,0	0,695	1,740	6,95	1,21
	1200	17,0	1,120	2,800	11,20	2,45
II	353	5,0	0,165	0,413	1,45	0,10
	635	9,0	0,540	1,350	4,74	0,57
	930	13,0	1,170	2,925	10,28	1,79
	1200	17,0	1,920	4,800	16,85	3,82
III	353	5,0	0,185	0,463	1,63	0,11
	635	9,0	0,570	1,425	5,00	0,60
	930	13,0	1,200	3,000	10,50	1,82
	1200	17,0	1,950	4,875	17,10	3,88

Aus dem Gewicht G, das dem Winddruck das Gleichgewicht hält, ergibt sich der Druck auf die gesamte Stirnfläche P:

$$P = G \frac{1200}{480} = G\,2{,}5 \text{ kg}.$$

Für 1 qm Stirnfläche ist dann:

$$p = \frac{P}{F_{st}} \text{ kg/qm}.$$

Daraus kann die zur Ueberwindung des Luftwiderstandes auf 1 qm Stirnfläche notwendige Leistung berechnet werden.

$$N_L = \frac{P\,v_f}{75} \text{ PS/qm}.$$

Die ermittelten Werte sind in der Zahlentafel 9 eingetragen; sie gelten für den freistehenden Kühler.

Man sieht, daß die Leistungsbeträge, die zur Ueberwindung des Luftwiderstandes des Kühlers notwendig sind, nicht besonders hoch werden (1 qm Kühlerstirnfläche genügt für ungefähr 100 bis 150 PS); um so mehr werden die Unterschiede zwischen den bei den verschiedenen Kühlerkonstruktionen gefundenen Werten zurücktreten gegen die Gesamtleistung des Motors.

Die vorliegende Arbeit ist ausgeführt worden im Maschinenlaboratorium der Dresdener Technischen Hochschule.

Ich möchte an dieser Stelle seinem Leiter, Hrn. Geh. Hofrat Prof. Dr. R. Mollier meinen Dank sagen für das Interesse, das er der Arbeit stets entgegengebracht hat; insbesondere möchte ich auch Hrn. Prof. Dr.-Ing. A. Nägel herzlich danken für seine Unterstützung und seinen Rat.

Dresden, den 1. August 1909. Walther Freiherr von Doblhoff.
Dipl.-Ing.

Buchdruckerei A. W. Schade, Berlin N., Schulzendorfer Str. 26.